在家複製專業美味！

頂流甜點師的

極簡輕時尚甜點 37 道

ムラヨシマサユキ／著　　徐瑜芳／譯

Introduction

一個琺瑯盤就搞定

我從孩童時期開始就非常喜歡做點心。

但我在學習製作點心的過程中，卻一直有個煩惱。
在翻閱食譜時，總是會想著「看起來好好吃！好想做看看！」
最後卻因為沒有專用的模具而放棄。

另一方面，當我開始湊齊各式各樣的模具之後，
又會因為小廚房中沒有足夠的收納空間而感到困擾。
而且，某些模具在一年之中使用到的次數其實不多。

結果，不論有沒有甜點模具，都還是煩惱不已。

直到有一天，我發現了這種小巧的白色琺瑯盤。
除了有著飽滿溫潤的可愛外觀之外，
在料理時，可以將肉類放在盤中浸泡醃料，再放入冰箱冷藏；
或是當作烘烤少量堅果時使用的烤盤。使用頻率滿高的。

就在我將裝著派的琺瑯盤放進烤箱中復熱時，突然靈光一閃。
「啊，這不就是個萬用的點心模具嗎！」

這種容器兼具快速冷卻和耐熱的特性，
再加上抗酸的琺瑯塗層，和其他材質有著天壤之別。
我也試著利用琺瑯的各項優點，研發了許多配方。
這些點心的不同之處並不只是用琺瑯盤替換原本的模具而已。
琺瑯盤廣而淺的平面，使加熱和冷卻的過程都能快速完成，
這也是點心之所以美味的原因。

這本食譜中收錄了各種與眾不同的點心，
無論是下午3點的零嘴、招待朋友的甜點，
或是直接包裝成禮物的點心，
都是用琺瑯盤製成的。

謹獻給因為沒有模具而放棄製作點心的朋友們，
以及廚房被不知何時才會使用的模具占滿的讀者們。

Murayoshi Masayuki

Contents

本書的使用說明

• 計量單位請參考如下：1小匙=5mℓ、1大匙=15mℓ、1杯=200mℓ、米1合=180mℓ。
• 本書中遇到必須精準計量的狀況時，會以 g 來標示。
• 奶油為無鹽奶油，鮮奶油使用的是乳脂肪含量為40%的產品。
• 使用的蛋為M尺寸（58～64g）。使用S或L尺寸的蛋時，可以用全蛋55g、蛋黃18g、蛋白36g為參考基準。
• 「適量」是指依照個人喜好加入適當的量。「適宜」是依個人喜好必要的話就加入。
• 使用烤箱前30分鐘請先預熱。此外，烤箱依機型會有不同的使用訣竅及特性，火力及加熱時間可視情況調整。
• 微波爐的加熱時間基本上是以600W加熱為基準。若是用500W加熱的話，加熱時間則為1.2倍，700W則為0.8倍。

基本用具　　只要有好用的工具，就能讓做點心的過程更輕鬆順利，也能防止失敗。

關於琺瑯盤

- 本書使用的琺瑯盤皆為野田琺瑯的cabinet尺寸（20.9×16.5×3cm）。是個正好可以製作4～6人份點心的大小。書中介紹的甜點，也可以用尺寸大約相同的不鏽鋼盤或是直徑18cm的圓形蛋糕模製作。

- 琺瑯是指在鐵或鋁等金屬表面鍍上一層玻璃材質釉藥燒製而成的工法。釉藥是以850℃的高溫燒製上去的，因此耐熱性非常高，不僅可用直火加熱（不適用IH爐），也適用於烤箱料理。不過，因為是金屬製品，所以不能用於微波爐。

- 因為本身是金屬材質，所以導熱效能高，具有保溫性。同時，其優異的冷卻效果，也讓冷凍庫中的冰品點心能更快速地結凍。

- 耐酸的玻璃材質鍍層，很適合用來製作使用水果製成的果醬及醬料。此外，還有不易殘留髒汙及氣味的特性。非常容易保養，使用起來乾淨又衛生。

- 使用後，請以沾有洗碗精的海綿清洗，並充分地乾燥。

- 鋼刷或研磨劑等都會對琺瑯表面造成損壞，因此嚴禁使用。

- 撞擊、掉落、空燒都會造成表面的玻璃鍍層龜裂或脫落。

（1）蛋糕刀

只要輕輕地前後移動，無論是柔軟的質地，或是像派皮這種易碎的質地都能切得很漂亮。輕薄柔韌的刀身，加上波浪狀的刀刃，在切滑溜的食材時也能切出整齊的斷面。

（2）打蛋器

建議挑選鋼線數量較多、弧度較大且有彈性、弧形頂端稍微錯開沒有重疊的打蛋器。準備兩支全長分別為25cm及30cm左右的打蛋器，會比較方便。

（3）擀麵棍

略粗且帶有重量，長度與肩同寬的擀麵棍，用起來較順手。快速擀好的麵皮比較不會沾黏，烤出來也比較輕盈酥脆。

（4）烘焙用溫度計

建議挑選製作高溫糖漿時也能使用的200℃溫度計。測量溫度時，請以測量物中心的溫度為準。同時，要注意別讓溫度計末端碰到鍋底或盆底。

（5）抹刀

將麵糊表面抹勻，或是塗抹奶油時使用。帶有角度的L型抹刀很容易操作。

（6）矽膠刮刀

可以攪拌麵糊及奶油，或是將其從盆中或鍋中毫不浪費地刮乾淨。選用和手柄一體成形的矽膠刮刀，不僅衛生，耐熱性也比較高。

（7）刮板

彎曲的部分可以用來攪拌麵團及奶油，或是將其取出。直線的部分則是可以將表面抹平。硬的刮板不太好用，請挑選有彈性的刮板。

（8）電子秤

難以用量杯測量的單位如ml或g，都能用電子秤輕鬆測量。製作點心時，正確的計量和美味程度是息息相關的，因此單位經常以g標示。至少能測量到1g的電子秤為必需品。最重能測量到1kg，並且具有能測量淨重的扣重功能更好。

（9）糖粉篩

將少量粉類過篩及撒上裝飾用糖粉時很方便。一般在進行粉類過篩作業時，會有專用的工具，不過，準備一個孔洞較細且帶柄的萬用濾網不但可以當粉篩，也可以當濾網，清潔保養也很輕鬆。

（10）手持電動攪拌器

可以快速完成打發鮮奶油及蛋液，還有攪拌麵團等作業。雖然平價版本的功能性就足夠了，不過，本書中使用的是具有三段以上轉速的版本。

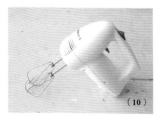

＊食譜中的電動攪拌器轉速標示如下：
⑨ → 高速　⊕ → 中速　⑥ → 低速

Equipments

基本的前置準備
前置準備對於製作甜點是很重要的一環。開始前先來看看前置準備的重點吧。

琺瑯盤的準備
製作烘烤甜點時可以鋪上烘焙紙，防止麵糊沾黏。

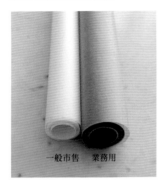

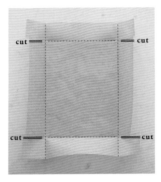

挑選料理紙
會使用一般供烤箱使用、經過特殊處理的烘焙紙，還有蒸煮時也能使用的萬用料理紙。這兩種紙的表面都有經過矽氧樹脂加工處理，即使蒸氣通過也不會有油脂或湯汁滲漏，所以具有防止沾黏的效果。本書中使用的是業務用料理紙。

製作烤盤紙
將比琺瑯盤大兩圈左右的市售料理紙（26cm×5m。業務用為33cm×30m）從盒中取出裁切。對照琺瑯盤的底部及側面，將紙折出折線，切除多餘的部分，並在短邊的上下四個角落裁出切口就完成了。烤盤紙的尺寸約為24×21cm。

鋪紙
沿著折線將烤紙折好鋪進盤中，將切口中間的紙張往內折，左右則往外側拉，與長邊重疊，讓紙張貼平盤底不會浮起。如果想讓麵糊與琺瑯盤密合，可以塗抹少量的奶油代替料理紙。

奶油的準備
奶油從冰箱中取出後並不會馬上變軟，所以要提早準備。

常溫奶油
手指可以輕易壓下的軟硬度。表面如果會沾黏的話，就是太軟了。趕時間的時候可以將奶油切成小塊，用微波爐的小火模式以10秒為單位加熱。

霜狀奶油
使用打蛋器或是矽膠刮刀將軟化的奶油攪散，變成沒有塊狀感的狀態。經過充分退冰的奶油，只要稍微攪拌一下就會變成霜狀了。

融化奶油／焦化奶油
將奶油切成約1cm的厚片狀，隔水加熱或是用微波爐加熱使其融化成液狀。要使用時的溫度相當重要，請務必遵守食譜的指示。

粉類的準備
將低筋麵粉等粉類過篩並不只是為了過濾掉結塊和雜質，還有一個原因是要讓粉類之中富含空氣。篩過的粉類可以更快地和麵糊融合在一起，不容易結塊，烤出來的成品也會更輕盈。稍微放置一段時間之後粉類中就會帶有濕氣，所以過篩的準備可以留到最後，或是要用之前再篩就可以了。

粉類過篩
鋪好大張的紙，從大約15～20cm高的地方篩粉。低於這個高度的話，不容易帶入空氣，太高的話粉又會四處飛散。

複數的粉類過篩
想要均勻混合的話，建議要篩3次左右。不過，如果能在過篩後充分攪拌，只篩1次也沒問題。

Butter cakes, Sponge cakes

奶油蛋糕／海綿蛋糕

Butter cake

Orange butter cake

柳橙奶油蛋糕

使用整顆新鮮多汁的柳橙，
烤出濕潤的奶油蛋糕。

材料（21×16.5×3cm的琺瑯盤1個份）

奶油蛋糕體
- 無鹽奶油… 150g
- 細砂糖 … 140g
- 蛋黃 … 3個份
- 杏仁粉 … 30g
- 柳橙皮碎屑… 1個份
- 蛋白 … 3個份
- 鹽 … 1撮
- 低筋麵粉 … 130g

糖漬柳橙
- 柳橙（磨除表皮）… 1個
- 細砂糖 … 50g
- 水 … 150g

糖霜
- 糖粉 … 75g
- 君度橙酒（或檸檬汁、水）… 1大匙

前置準備

- 將奶油退冰至室溫，使其軟化。
- 在琺瑯盤中鋪上料理紙。
- 低筋麵粉過篩。
- 將柳橙表面的橘色部分磨成碎屑。
- 烤箱預熱至180℃。

作法

❶ 製作糖漬柳橙：將柳橙的上下各切除1cm左右，再將其切成3～4mm厚的圓片。將細砂糖及水放入鍋中，以中火加熱，煮沸後加入柳橙片，轉成小火，持續熬煮至柳橙的白色部分呈半透明狀。接著就可以關火，靜置待其冷卻（a）。

❷ 製作奶油蛋糕體（同步參考p.76）：將奶油、1/2分量的細砂糖放入攪拌盆中，以電動攪拌器㊥攪拌至奶油泛白。

❸ 接著加入蛋黃、杏仁粉、柳橙皮碎屑，以電動攪拌器㊔攪拌至蓬鬆發泡的狀態（b）。

❹ 在另一個攪拌盆中加入蛋白及鹽，再將剩餘的細砂糖分3次加入盆中，以電動攪拌器㊔攪拌至泛白發泡。將攪拌器拿起可以形成柔軟的尖角狀時，再將轉速調整至㊦，繼續攪拌成細緻光滑的泡沫，直到泡沫呈現挺立的尖角就可以了。

❺ 在❸的麵糊中加入篩過的低筋麵粉，以矽膠刮刀由下往上翻拌，攪拌至沒有粉粒感為止。

❻ 將❹的蛋白霜分2次加入❺中，每次加入都攪拌均勻。

❼ 倒入準備好的琺瑯盤中，用抹刀將表面抹平，從檯面15cm高處輕摔琺瑯盤，排除多餘的空氣。

❽ 用插入的方式將❶排列在麵糊上（c），放入180℃的烤箱中烘烤25～30分鐘。烤好之後立即從琺瑯盤中取出，放在網架上冷卻。

❾ 製作糖霜（同步參考p.34）：將材料放入盆中混合，用湯匙攪拌至黏稠狀。

❿ 拆除❽的料理紙，用湯匙撈起❾，在蛋糕上畫出線條（d），接著在常溫中靜置乾燥。

Rum raisin, walnut & cheese butter cake

起司核桃
蘭姆葡萄奶油蛋糕

口味相輔相成的蘭姆葡萄及核桃，再加上起司增添香醇滋味，
是款口感十分豐富的蛋糕。

材料 （21×16.5×3cm的琺瑯盤1個份）

奶油蛋糕體

無鹽奶油… 150g

細砂糖… 140g

蛋黃… 3個份

杏仁粉… 30g

蛋白… 3個份

鹽… 1撮

低筋麵粉… 130g

蘭姆葡萄乾… 80g

核桃… 35g

核桃… 15g

帕馬森起司粉… 10g

前置準備

• 將奶油退冰至室溫，使其軟化。

• 在琺瑯盤中鋪上料理紙。

• 低筋麵粉過篩。

• 烤箱預熱至180℃。

memo
柔軟的蘭姆葡萄乾很容易破皮，破皮的葡萄乾混入麵糊中很容易燒焦。因此，加入葡萄乾的時間點請務必遵照食譜進行。最後撒在蛋糕上的起司粉，要混入麵糊中也可以。

作法

❶ 製作奶油蛋糕體（同步參考p.76）：將奶油、1/2分量的細砂糖放入攪拌盆中，以電動攪拌器⊕攪拌至奶油泛白。

❷ 接著加入蛋黃、杏仁粉，以電動攪拌器⊛攪拌至蓬鬆發泡的狀態。

❸ 在另一個攪拌盆中加入蛋白及鹽，再將剩餘的細砂糖分3次加入盆中，以電動攪拌器⊛攪拌至泛白發泡。將攪拌器拿起可以形成柔軟的尖角狀時，再將轉速調整至⊛，繼續攪拌成細緻光滑的泡沫，直到泡沫呈現挺立的尖角就可以了。

❹ 在❷的麵糊中加入篩過的低筋麵粉、蘭姆葡萄乾、核桃，以矽膠刮刀由下往上翻拌，攪拌至沒有粉粒感為止（a）。

❺ 將❸的蛋白霜分2次加入❹中，每次加入都攪拌均勻（b）。

❻ 將❺的麵糊倒入準備好的琺瑯盤中，用抹刀將表面抹平，再撒上核桃及帕馬森起司粉（c）。

❼ 放入180℃的烤箱中烘烤25～30分鐘。烤好之後立即從琺瑯盤中取出，放在網架上冷卻。

a

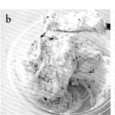
b

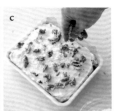
c

Butter cake

Cacao swirl cake spread sandwich

可可大理石夾心蛋糕

原味及可可麵糊畫圈混合而成的大理石花紋，
其切面的紋路變化也是值得品味的一部分。

材料（21×16.5×3cm的琺瑯盤1個份）

奶油蛋糕體
- 無鹽奶油… 150g
- 細砂糖 … 140g
- 蛋黃 … 3個份
- 杏仁粉 … 30g
- 蛋白 … 3個份
- 鹽 … 1撮
- 低筋麵粉 … 130g
- 肉桂粉 … 少許

A
- 可可粉 … 20g
- 即溶咖啡粉 … 1小匙
- 牛奶 … 1/4杯

花生醬（含糖）… 50g

前置準備

- 將奶油退冰至室溫，使其軟化。
- 在琺瑯盤中鋪上料理紙。
- 將A的材料放入盆中攪拌混合。
- 低筋麵粉及肉桂粉混合過篩。
- 烤箱預熱至180℃。

memo
在覺得「好像可以再攪拌一下！」的時候停下來，就能做出漂亮的大理石紋。中間的夾心可以換成巧克力醬或是果醬等自己喜歡的抹醬。

作法

❶ 製作奶油蛋糕體（同步參考p.76）：將奶油、1/2分量的細砂糖放入攪拌盆中，以電動攪拌器(中)攪拌至奶油泛白。

❷ 接著加入蛋黃、杏仁粉，以電動攪拌器(高)攪拌至蓬鬆發泡的狀態。

❸ 在另一個攪拌盆中加入蛋白及鹽，再將剩餘的細砂糖分3次加入盆中，以電動攪拌器(高)攪拌至泛白發泡。將攪拌器拿起可以形成柔軟的尖角狀時，再將轉速調整至(低)，繼續攪拌成細緻光滑的泡沫，直到泡沫呈現挺立的尖角就可以了。

❹ 在❷的麵糊中加入篩過的粉類，以矽膠刮刀由下往上翻拌，攪拌至沒有粉粒感為止。

❺ 將❸的蛋白霜分2次加入❹中，每次加入都攪拌均勻。

❻ 在準備好的A的攪拌盆中加入1/3量❺的麵糊（a），攪拌均勻。

❼ 將❻倒入❺剩餘的麵糊中，粗略地拌3次左右（b）。

❽ 將❼的麵糊倒入準備好的琺瑯盤中，用抹刀將表面抹平，從檯面15cm高處輕摔琺瑯盤，排除多餘的空氣（c）。

❾ 放入180℃的烤箱中烘烤25～30分鐘。烤好之後立即從琺瑯盤中取出，放在網架上冷卻。

❿ 將❾的料理紙拆下後，將蛋糕切成一半厚度，並在下層蛋糕的切面以抹刀塗上花生醬（d），再將上層蛋糕疊上，用手輕壓調整形狀。

Financier

Grand financier

大費南雪

帶有令人著迷的杏仁及奶油香濃風味，
是款外層焦香、內層濕潤，口味濃郁的蛋糕。

材料 （21×16.5×3cm的琺瑯盤1個份）

蛋白 … 150g（約4個份）

鹽 … 1撮

細砂糖 … 150g

低筋麵粉 … 60g

杏仁粉 … 60g

無鹽奶油 … 150g

蜂蜜 … 30g

香草莢 … 1/3根份

前置準備

• 低筋麵粉及杏仁粉混合過篩。

• 從香草莢中刮出香草籽，與細砂糖混合（a）。

• 在琺瑯盤中鋪上料理紙。

• 烤箱預熱至200℃。

memo

在焦化奶油還是熱呼呼的狀態時與麵糊混合，接著馬上烘烤，就能使其膨脹，做出蓬鬆感，奶油的香氣也會充分融入蛋糕中。一般費南雪都會用比較小的模具，這次用琺瑯盤製作的大尺寸費南雪，切成薄片享用也很美味。

作法

❶ 將蛋白放入攪拌盆中，用打蛋器稍微攪拌去除黏稠感。

❷ 接著加入鹽、混入香草籽的細砂糖，稍微攪拌混合。

❸ 加入準備好的粉類，用打蛋器攪拌至沒有粉粒感。

❹ 將奶油放入小鍋中以中火加熱，煮到融化開始冒泡時就會變成咖啡色，聞到焦香味後就可以離火，立即倒入❸中攪拌混合（b、c）。
＊與焦化奶油攪拌混合時要小心，別燙傷了。

❺ 加入蜂蜜，一邊利用餘溫使其溶化，一邊攪拌使整體混合均勻。

❻ 將麵糊倒入準備好的琺瑯盤中，用抹刀將表面抹平，從檯面15cm高處輕摔琺瑯盤，排除多餘的空氣。

❼ 放入200℃的烤箱中烘烤18～20分鐘。烤好之後立即從琺瑯盤中取出，放在網架上冷卻。

Sponge cake

Strawberry sponge cake

草莓鮮奶油蛋糕

將用琺瑯盤烤出來的海綿蛋糕橫向對半切開，
夾入鮮奶油及草莓，就變成草莓鮮奶油蛋糕了。

材料 （21×16.5×3cm的琺瑯盤1個份）

海綿蛋糕體
   蛋 … 1個
   蛋黃 … 1個份
   細砂糖 … 45g
   低筋麵粉 … 30g
   牛奶 … 1大匙
糖液
   熱水 … 1大匙
   細砂糖 … 1大匙
   櫻桃白蘭地 … 1大匙
鮮奶油 … 100g
細砂糖 … 2小匙
草莓 … 約1/2盒

前置準備

• 在琺瑯盤中鋪上料理紙。
• 低筋麵粉過篩。
• 準備隔水加熱用的熱水（60℃）。
• 烤箱預熱至200℃。

memo

由於海綿蛋糕本身就帶有甜味及雞蛋的醇厚感，所以鮮奶油只帶有清淡的甜味。想要展現出漂亮的草莓切面，就要將草莓排列在切邊處。當然，沒有要切的話，就這樣直接疊上去也可以。如果沒有糖液中需要的櫻桃白蘭地，也可以用蘋果汁代替，或是將熱水增加成2大匙。

作法

❶ 參照p.77的作法製作海綿蛋糕體。

❷ 將麵糊倒入準備好的琺瑯盤中，用抹刀將麵糊仔細地填滿四個角落，並將表面抹平。從檯面15cm高處輕摔琺瑯盤，排除多餘的空氣。

❸ 放入200℃的烤箱中烘烤10～13分鐘。

❹ 烤好之後放在網架上冷卻。放涼之後將蛋糕從琺瑯盤中取出，取下料理紙，將四邊隆起的部分切除（a）。

❺ 將糖液的材料放入耐熱容器中攪拌混合，接著用微波爐加熱20～30秒後放涼。

❻ 用乾淨的濕布將草莓表面的細毛擦掉，接著拔掉蒂頭，將其切成2cm丁狀。另外預留5顆左右當作裝飾用。

❼ 將鮮奶油及細砂糖放入攪拌盆中，盆底墊著冰水，用打蛋器將其攪打至7分發（→p.48）。

❽ 將❹在長邊的一半處對切，蛋糕兩面都用毛刷塗上❺。

❾ 用抹刀在蛋糕上方塗滿❼（b）。另外預留1/4量的鮮奶油。

❿ 將❻的草莓切面朝下排列在其中一塊蛋糕上（c），接著塗上預留的鮮奶油。

⓫ 將另一塊蛋糕以鮮奶油面朝上，疊在放了草莓的蛋糕上，放入冰箱中靜置1小時左右。最後將側面薄薄地切除，再放上裝飾用的草莓。

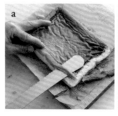

Chestnut cake

栗子鮮奶油蛋糕

這款蛋糕很推薦喜歡蒙布朗的朋友們。口味柔和的栗子鮮奶油中
拌入烘烤過的核桃增添了口感及香氣，吃起來非常順口。

材料 （21×16.5×3cm的琺瑯盤1個份）

海綿蛋糕體
| 蛋 … 1個
| 蛋黃 … 1個份
| 細砂糖 … 45g
| 低筋麵粉 … 30g
| 牛奶 … 1大匙

糖液
| 熱水 … 1大匙
| 細砂糖 … 1大匙
| 蘭姆酒 … 1大匙

栗子鮮奶油
| 栗子泥 … 100g
| 鮮奶油 … 100g

糖漬栗子 … 30g

核桃（烤熟）… 30g

前置準備

• 在琺瑯盤中鋪上料理紙。

• 低筋麵粉過篩。

• 準備隔水加熱用的熱水（60℃）。

• 烤箱預熱至200℃。

memo

栗子泥的甜度會因廠商而有所不同，製作栗子鮮奶油
前要先試一下味道，不夠甜的話可以加入少許細砂糖
調味。沒有糖漬栗子的話，可以用即食甘栗代替。

作法

❶ 參照p.77的作法製作海綿蛋糕體。

❷ 將麵糊倒入準備好的琺瑯盤中，用抹刀將麵糊
仔細地填滿四個角落，並將表面抹平。從檯面
15cm高處輕摔琺瑯盤，排除多餘的空氣。

❸ 放入200℃的烤箱中烘烤10～13分鐘。

❹ 烤好之後放在網架上冷卻。放涼之後將蛋糕從
琺瑯盤中取出，取下料理紙，將四邊隆起的部
分切除。

❺ 將糖液的材料放入耐熱容器中攪拌混合，接著
用微波爐加熱20～30秒後放涼。

❻ 將糖漬栗子剝碎成方便入口的大小，再把核桃
切成粗碎粒。

❼ 製作栗子鮮奶油：將鮮奶油放入攪拌盆中，盆
底墊著冰水，用電動攪拌器⊕將其攪打至6分
發（→p.48）。在另一個盆中放入栗子泥，分
次加入1/3量的發泡鮮奶油，每次加入時都攪
拌均勻（a）。

❽ 將❹在長邊的一半處對切，蛋糕兩面都用毛刷
塗上❺。

❾ 用抹刀在❽上方塗滿❼。另外預留1/4量的栗
子鮮奶油。

❿ 預留一些❻在最後裝飾用，其餘都撒在其中一
塊蛋糕上，接著塗上❾預留的栗子鮮奶油。

⓫ 將另一塊蛋糕以鮮奶油面朝上疊上，放入冰箱
中靜置1小時左右。最後將側面薄薄地切除，
再撒上裝飾用的糖漬栗子及核桃。

Green tea cake beans jam sandwich

抹茶小倉紅豆餡夾心蛋糕

在可以品嘗到抹茶澀味及香氣的海綿蛋糕中，
夾入小倉紅豆餡及煉乳鮮奶油製成的一款和風甜點。

材料 （21×16.5×3cm的琺瑯盤1個份）

海綿蛋糕體

　蛋 … 1個
　蛋黃 … 1個份
　細砂糖 … 45g
　低筋麵粉 … 15g
　抹茶粉 … 10g
　牛奶 … 20g

糖液

　熱水 … 2大匙
　細砂糖 … 2大匙

鮮奶油 … 1/2杯

煉乳 … 1大匙

小倉紅豆餡 … 100g

前置準備

• 在琺瑯盤中鋪上料理紙。
• 低筋麵粉和抹茶粉混合過篩。
• 準備隔水加熱用的熱水（60℃）。
• 烤箱預熱至200℃。

作法

❶ 參照p.77的作法製作海綿蛋糕體。

❷ 將麵糊倒入準備好的琺瑯盤中，用抹刀將麵糊仔細地填滿四個角落，並將表面抹平。從檯面15cm高處輕摔琺瑯盤，排除多餘的空氣。

❸ 放入200℃的烤箱中烘烤10～13分鐘。

❹ 烤好之後放在網架上冷卻。放涼之後將蛋糕從琺瑯盤中取出，取下料理紙，將四邊隆起的部分切除。

❺ 將糖液的材料放入耐熱容器中攪拌混合，接著用微波爐加熱20～30秒後放涼。

❻ 將鮮奶油及煉乳放入攪拌盆中，盆底墊著冰水，用打蛋器將其攪打至8分發（→p.48）。

❼ 將❹在短邊的一半處對切，將帶有烤色那面朝上，分別在兩塊蛋糕上方用毛刷塗上❺。

❽ 用抹刀在其中一塊蛋糕上塗滿小倉紅豆餡及❻。

❾ 將另一塊蛋糕以烤色面朝下疊上，接著用保鮮膜包好，放入冰箱中靜置1小時左右。

Chapter No.2

Brownies,
Shortbreads+Bars

布朗尼／酥餅／穀物棒

Brownie

焦糖胡桃
軟心布朗尼

櫻桃杏仁
軟心布朗尼

Caramel & pecan fudge brownie

焦糖胡桃
軟心布朗尼

加入滿滿甜中帶點微苦的焦糖，
吃起來像「生巧克力」般濃郁柔滑的布朗尼。

材料（21×16.5×3cm的琺瑯盤1個份）

焦糖鮮奶油
  細砂糖 … 100g
  鮮奶油 … 1/2 杯
烘焙用黑巧克力 … 150g
無鹽奶油 … 80g
柳橙香甜酒（柑曼怡等）… 2大匙
蛋 … 2個
細砂糖 … 60g
可可粉 … 25g
胡桃 … 100g
糖粉 … 適宜

前置準備

• 在琺瑯盤中鋪上料理紙。
• 胡桃放入烤箱以150℃烘烤10分鐘。
• 若使用磚狀的烘焙用巧克力，要先用菜刀切
  成碎片狀。
• 準備隔水加熱用的熱水（60℃）。
• 烤箱預熱至180℃。

memo

將竹籤插入布朗尼中心後取出，竹籤上沾有濕潤的麵
糊就代表烤得恰到好處。

作法

❶ 製作焦糖鮮奶油：將細砂糖放入小鍋中，以中火
  加熱，在1/3量的細砂糖融化之前，都不要動鍋
  子，看著就好。當糖出現淡淡的焦色時，拿起鍋
  子在爐上慢慢地畫圈，讓全部的糖融化，並繼續
  熬煮。煮到冒出大顆氣泡，變成更濃的焦褐色時
  就可以關火，慢慢加入鮮奶油（a），並用矽膠刮
  刀充分攪拌。若焦糖黏在鍋底的話，可以用小火
  加熱溶解，攪拌均勻。
  ＊在砂糖上色前千萬不能動它。另外，加入鮮奶油時可
  能會噴濺，要小心。

❷ 將黑巧克力及奶油放入盆中，隔水加熱使其融化
  （b），接著加入柳橙香甜酒攪拌混合。

❸ 在另一個盆中放入蛋及細砂糖，一邊隔水加熱，
  一邊用電動攪拌器低攪拌使糖溶入蛋液中，並加
  熱至人體肌膚的溫度。

❹ 將❸從隔水加熱的盆中取出後，用電動攪拌器高
  攪打發泡。攪拌至整體膨脹變白，拿起攪拌器時
  會如緞帶般垂落的狀態。

❺ 繼續用電動攪拌器低攪拌1分鐘，讓質地更加細
  緻。

❻ 將❷加入❺中，以矽膠刮刀由下往上翻拌混合，
  直到看不見白色部分後，將可可粉篩入盆中，快
  速地混合均勻。攪拌至沒有粉粒感之後，再攪拌
  約50次（c）。
  ＊待麵糊出現光澤及黏稠感時就可以了。

❼ 加入2/3量的胡桃，混合均勻。

❽ 將❶加入❼中，輕輕地攪拌3次。將其倒入準備
  好的琺瑯盤中，表面抹平，從檯面15cm高處輕
  摔琺瑯盤，排除多餘的空氣。

❾ 將剩餘的胡桃排列在表面（d），放入180℃的烤
  箱中烘烤18～20分鐘。

❿ 烤好之後放在網架上冷卻。可依喜好用糖粉篩撒
  上糖粉。

Cherry & almond fudge brownie

櫻桃杏仁
軟心布朗尼

外表看似紮實厚重，其實口感卻十分輕盈。
棉花糖般入口即化的化口性令人驚艷。

材料（21×16.5×3cm的珐瑯盤1個份）

烘焙用黑巧克力 … 150g
無鹽奶油… 80g
櫻桃香甜酒（Kirsch-wasser等）… 2大匙
蛋 … 2個
細砂糖 … 60g
A 杏仁粉 … 80g
　玉米澱粉 … 2大匙
杏仁粒（整顆）… 30g
糖漬櫻桃 … 9粒（約50g）

前置準備

- 在珐瑯盤中鋪上料理紙。
- 杏仁粒放入烤箱以150℃烘烤10分鐘，再將每顆杏仁切成2～3等分。
- 若使用磚狀的烘焙用巧克力，要先用菜刀切成碎片狀。
- 準備隔水加熱用的熱水（60℃）。
- 將糖漬櫻桃的水分稍微瀝乾。
- 烤箱預熱至180℃。

memo
這款布朗尼是以法國傳統甜點「南錫巧克力蛋糕」為靈感製成的變化版本。材料中完全沒有使用到低筋麵粉，而是加入杏仁粉及玉米澱粉，也因此才能做出酥鬆的外皮，以及輕盈濕潤的內層口感。

作法

❶ 將黑巧克力及奶油放入盆中，隔水加熱使其融化，接著加入櫻桃香甜酒攪拌混合。

❷ 在另一個盆中放入蛋及細砂糖，一邊隔水加熱，一邊用電動攪拌器㊦攪拌使糖溶入蛋液中，並加熱至人體肌膚的溫度。

❸ 將❷從隔水加熱的盆中取出後，用電動攪拌器㊤攪打發泡。攪拌至整體膨脹變白，拿起攪拌器時會如緞帶般垂落的狀態（a）。

❹ 繼續用電動攪拌器㊦攪拌1分鐘，讓質地更加細緻。

❺ 將❶加入❹中，以矽膠刮刀由下往上翻拌混合，直到看不見白色部分後，將A加入盆中（b），快速地混合均勻。攪拌至沒有粉粒感之後，再攪拌約50次（c）。
＊待麵糊出現光澤及黏稠感時就可以了。

❻ 將其倒入準備好的珐瑯盤中，表面抹平，從檯面15cm高處輕摔珐瑯盤，排除多餘的空氣。

❼ 將糖漬櫻桃排列在表面（d），撒上杏仁碎粒，放入180℃的烤箱中烘烤25分鐘。

❽ 烤好之後放在網架上冷卻。

Roasted green tea & white chocolate shortbreads

焙茶白巧克力酥餅

酥脆口感中蘊藏的焙茶焦香
及香醇奶油氣味在口中擴散開來。

材料 （21×16.5×3cm的琺瑯盤1個份）

低筋麵粉 … 100g

高筋麵粉 … 50g

糖粉 … 75g

杏仁粉 … 75g

焙茶粉 … 2g

鹽 … 1撮

無鹽奶油 … 100g

原味優格 … 30g

烘焙用白巧克力鈕扣 … 30g

前置準備

• 在琺瑯盤中鋪上料理紙。

• 奶油切成1cm丁狀，放入冰箱中冷藏備用。

• 沒有焙茶粉的話，也可以用磨缽或研磨機將茶葉磨成粉狀。

• 低筋麵粉、高筋麵粉、糖粉、杏仁粉、焙茶粉混合過篩。

• 烤箱預熱至170℃。

memo

這個配方中的優格是用來融合麵團的媒介。加入淡淡的發酵食品香氣，可以讓風味更有層次感。製作重點是在奶油沒有融化的情況下與粉類結合成顆粒狀。如果有食物調理機的話，可以將材料全部加入混合攪拌，作法非常簡單。用紅茶茶葉代替焙茶做成紅茶口味也很好吃哦。

作法

❶ 將篩好的粉類、鹽、冰奶油放入攪拌盆中，用指尖將奶油塊捏碎，與粉類搓揉混合在一起（a）。

❷ 當奶油粉粒開始變小時，就用手心搓揉混合（b），變成鬆散的碎粒狀（c）。
＊操作過程要迅速，避免奶油因手掌溫度融化。

❸ 加入白巧克力鈕扣、原味優格，用矽膠刮刀以切拌的方式混合。

❹ 混合均勻後，倒入準備好的琺瑯盤中，一邊用矽膠刮刀壓緊排出空氣，一邊將琺瑯盤填滿（d）。

❺ 用竹籤將麵團畫出16等分的分割線，並在麵團整體戳出氣孔。

❻ 放入170℃的烤箱中烘烤20分鐘，再將溫度降至160℃，繼續烘烤22～25分鐘。待底部也充分烘烤出金黃色之後，再從琺瑯盤中取出，放到網架上冷卻。酥餅不燙手時，就可以按照分割線切成喜歡的大小了。

Coriander & peanut shortbreads

香菜花生酥餅

這個口味的靈感來自於越南的香菜威化餅。
很適合送給喜歡異國料理、熱愛香菜的朋友。

材料 （21×16.5×3cm的琺瑯盤1個份）

低筋麵粉 … 120g

高筋麵粉 … 30g

泡打粉 … 1/2小匙

二砂糖（黃砂糖）… 50g

鹽 … 1撮

花生（去皮，烤熟）… 100g

花生醬（無糖）… 50g

無鹽奶油 … 50g

香菜（帶根）… 2株

原味優格 … 30g

前置準備

• 在琺瑯盤中鋪上料理紙。

• 奶油切成1cm丁狀，放入冰箱中冷藏備用。

• 香菜用水清洗後瀝乾，摘下葉子，再將根、莖切碎。

• 花生切成粗碎粒。

• 低筋麵粉、高筋麵粉、泡打粉混合過篩。

• 烤箱預熱至170℃。

作法

❶ 將篩好的粉類、二砂糖、鹽、花生放入攪拌盆中，稍微攪拌混合。

❷ 接著加入花生醬及冰奶油，用指尖將奶油塊捏碎，與粉類搓揉混合在一起。

❸ 當奶油粉粒開始變小時，就用手心搓揉混合，變成鬆散的碎粒狀。
＊操作過程要迅速，避免奶油因手掌溫度融化。

❹ 加入處理好的香菜、原味優格，用矽膠刮刀以切拌的方式混合。

❺ 混合均勻後，倒入準備好的琺瑯盤中，一邊用矽膠刮刀壓緊排出空氣，一邊將琺瑯盤填滿。

❻ 用竹籤將麵團畫出16等分的分割線，並在麵團整體戳出氣孔。

❼ 放入170℃的烤箱中烘烤20分鐘，再將溫度降至160℃，繼續烘烤22～25分鐘。待底部也充分烘烤出金黃色之後，再從琺瑯盤中取出，放到網架上冷卻。酥餅不燙手時，就可以按照分割線切成喜歡的大小了。

Curry powder & cheese salty shortbreads

咖哩起司鹹酥餅

咖哩的辛香和起司的香濃滋味令人意猶未盡。
是款適合搭配紅酒、啤酒一起享用的佐酒風格酥餅。

材料 （21×16.5×3cm的琺瑯盤1個份）

全麥麵粉（低筋麵粉）… 100g

高筋麵粉 … 50g

A｜咖哩粉 … 2大匙

　　黑胡椒 … 少許

　　帕馬森起司粉 … 70g

　　細砂糖 … 1大匙

　　鹽 … 1撮

無鹽奶油… 100g

原味優格 … 30g

熟黑芝麻 … 1大匙

前置準備

• 在琺瑯盤中鋪上料理紙。

• 將奶油切成1cm丁狀，放入冰箱中冷藏備用。

• 將全麥麵粉、高筋麵粉混合過篩。

• 烤箱預熱至170℃。

memo

將低筋麵粉換成全麥麵粉，烘烤後香氣會更濃郁。咖哩粉
也可以換成其他喜歡的香料。

作法

❶ 將篩好的粉類及 A 放入攪拌盆中，稍微攪拌混合。

❷ 接著加入冰奶油，用指尖將奶油塊捏碎，與粉類搓
揉混合在一起。

❸ 當奶油粉粒開始變小時，就用手心搓揉混合，變成
鬆散的碎粒狀。
＊操作過程要迅速，避免奶油因手掌溫度融化。

❹ 加入原味優格、熟黑芝麻，用矽膠刮刀以切拌的方
式混合。

❺ 混合均勻後，倒入準備好的琺瑯盤中，一邊用矽膠
刮刀壓緊排出空氣，一邊將琺瑯盤填滿。

❻ 用竹籤將麵團畫出16等分的分割線，並在麵團整
體戳出氣孔。

❼ 放入170℃的烤箱中烘烤20分鐘，再將溫度降至
160℃，繼續烘烤22～25分鐘。待底部也充分烘烤
出金黃色之後，再從琺瑯盤中取出，放到網架上冷
卻。酥餅不燙手時，就可以按照分割線切成喜歡的
大小了。

Dry fig & dry apricot cereal-bars

無花果杏桃穀物棒

盡情享受飽滿甘甜的無花果
與酸甜杏桃的搭配組合。

材料（21×16.5×3cm的琺瑯盤1個份）

A 傳統燕麥片（Rolled Oats）… 180g
　　無花果乾 … 40g
　　杏桃乾 … 30g
　　葵瓜子 … 30g
　　熟白芝麻 … 1大匙
B 全麥麵粉（低筋麵粉）… 40g
　　泡打粉 … 1/2小匙
　　肉桂粉 … 少許
　　鹽 … 1撮
C 無鹽奶油… 60g
　　楓糖漿 … 60g
　　二砂糖（黃砂糖）… 50g

前置準備

• 在琺瑯盤中鋪上料理紙。
• 將無花果乾及杏桃乾切成5mm丁狀。
• 烤箱預熱至180℃。

作法

❶ 將A（a）及B混合，粗略地攪拌。

❷ 在小鍋中放入C，以中火加熱至沸騰後關火。

❸ 將❷一口氣加入❶中，用矽膠刮刀充分攪拌至沒有
粉粒感為止。

❹ 混合均勻後，倒入準備好的琺瑯盤中，一邊用矽膠
刮刀壓緊排出空氣，一邊將琺瑯盤填滿。

❺ 放入180℃的烤箱中烘烤25～30分鐘，待底部也充
分烘烤出金黃色之後，再從琺瑯盤中取出，放到網
架上冷卻。趁還有點微溫的時候，可以用麵包刀將
穀物棒分切成喜歡的大小。

memo

盡可能加入兩種堅果類，才能增加
味道的香醇度及層次感。果乾及堅
果可以任意依喜好替換。不過要注
意，果乾太小的話容易烤焦，或是
流失過多水分導致口感乾硬。

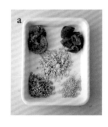

Sesame & soybean rice krispy- bars

芝麻黃豆米香穀物棒

外觀乍看像是傳統日式米果，口味卻是貨真價實的穀物棒。
材料中加入米粉營造出鬆散的口感，味醂則是帶出了一股獨特的風味。

材料（21×16.5×3cm的琺瑯盤1個份）

A ｜ 爆米香粒 … 50g
　　炒熟黃豆 … 80g
　　柿子乾 … 1個（中型，50g）
　　熟黑芝麻 … 2大匙
B ｜ 米粉（或上新粉）… 30g
　　黃豆粉 … 2大匙
　　泡打粉 … 1/2小匙
　　鹽 … 1撮
C ｜ 玄米油 … 50g
　　味醂 … 50g
　　二砂糖 … 60g

前置準備

• 在琺瑯盤中鋪上料理紙。
• 將柿子乾切成5mm丁狀。
• 烤箱預熱至180℃。

作法

❶ 將A（a）及B混合，粗略地攪拌。

❷ 在小鍋中放入C，以中火加熱至出現些許濃稠感，
再煮1～2分鐘後即可關火。

❸ 將❷一口氣加入❶中，用矽膠刮刀充分攪拌至沒有
粉粒感為止。

❹ 混合均勻後，倒入準備好的琺瑯盤中，一邊用矽膠
刮刀壓緊排出空氣，一邊將琺瑯盤填滿。

❺ 放入180℃的烤箱中烘烤25～30分鐘，待底部也充
分烘烤出金黃色之後，再從琺瑯盤中取出，放到網
架上冷卻。趁還有點微溫的時候，可以用麵包刀將
穀物棒分切成喜歡的大小。

memo

味醂含有許多水分，會將米香粒溶
解，所以要充分熬煮至濃稠。以番
薯乾替代柿子乾也很美味。如果喜
歡黃豆粉的話，切好之後可以再用
糖粉篩等工具讓穀物棒裹上黃豆
粉，變成黃豆粉口味穀物棒。

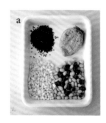

Icing Technique

糖霜製作技巧

糖霜也是種美味的展現。
記下方便的製作方法，在裝飾時享受自由揮灑的樂趣吧。

材料 （容易製作的分量）

糖粉 … 75g

君度橙酒（或是蘭姆酒、檸檬汁、水）… 1大匙

作法

將材料放入攪拌盆中混合，以矽膠刮刀攪拌使糖粉溶解，一直攪拌到出現光澤及黏稠感。

垂落

用湯匙撈取，如畫線般讓糖霜垂落。

塗抹

用毛刷將表面塗滿。

乾燥

靜置

在表面乾燥之前持續靜置。指尖觸摸不會沾上糖霜就完成了。

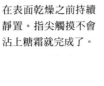 

加熱

放入預熱至200℃的烤箱中30秒使其乾燥，再取出放涼。

Chapter No.3

Cheese cakes + Puddings

起司蛋糕／布丁

Cheesecake

Anise & lime gelatin cheesecake

茴香萊姆生乳酪蛋糕

輕盈柔軟，帶有清爽香氣的生乳酪蛋糕。
非常適合搭配奇異果泥製成的淋醬。

材料 （21×16.5×3cm的琺瑯盤1個份）

奶油乳酪 … 200g
茅屋起司 … 100g
細砂糖 … 45g
蜂蜜 … 20g
原味優格 … 30g
萊姆皮碎屑 … 1個份
萊姆汁 … 1個份
吉利丁片 … 3g
鮮奶油 … 1/2杯
奇異果醬
　綠奇異果 … 1個
　細砂糖 … 1小匙
　大茴香籽 … 1/2小匙
　＊沒有的話可省略。

前置準備

• 奶油乳酪退冰至室溫，使其軟化。
• 將吉利丁片放在滿滿的冰水中浸泡20分鐘以
　上，將其泡發。

memo

請選用有過濾過、口感滑順的茅屋起司。如果沒有的
話，可以用瑞可塔起司或是瀝乾水分的原味優格替
代。食譜中是使用6分發的鮮奶油，不過，蛋糕口感會
因不同發泡程度的鮮奶油而異，若是用沒有發泡的鮮
奶油，就會是滑順的口感；使用7分發的鮮奶油，則是
慕斯般的口感。可依自己的喜好調整。

作法

❶ 將鮮奶油攪打至6分發（→p.48），還沒使用前
　先放入冰箱中冷藏。

❷ 將萊姆汁放入耐熱容器中，蓋上保鮮膜，以微
　波爐加熱10～20秒。接著將充分瀝乾水分的吉
　利丁片加入容器中，攪拌使其溶化。

❸ 在攪拌盆中放入奶油乳酪、茅屋起司、細砂
　糖、蜂蜜，以打蛋器攪拌混合。攪拌滑順後，
　加入原味優格、萊姆皮碎屑，充分攪拌均勻。

❹ 將❷加入❸中，充分攪拌混合（a），接著加入
　準備好的鮮奶油，攪拌均勻。

❺ 接著倒入琺瑯盤中，用抹刀將表面抹平，蓋上
　保鮮膜，放入冰箱冷藏3小時以上，待其冷卻
　凝固。

❻ 製作奇異果醬：奇異果去皮之後磨成泥（b），
　倒入盆中，加入細砂糖及大茴香籽，充分地攪
　拌混合。

❼ 取出適量已冷卻凝固的❺，淋上❻。

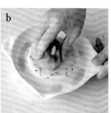

Cheesecake

黑櫻桃
紐約起士蛋糕

加水蒸烤製成的起司蛋糕濕潤濃郁，加上OREO餅乾增添香濃滋味，
並以白酒及黑櫻桃增添清爽的層次感。

材料 （21×16.5×3cm的琺瑯盤1個份）

奶油乳酪 … 200g

酸奶油 … 90g

細砂糖 … 60g

蛋黃 … 1個份

白酒 … 1大匙

玉米澱粉 … 10g

OREO餅乾 … 1包（9組）

黑櫻桃（糖漬）… 100g

前置準備

• 奶油乳酪退冰至室溫，使其軟化。

• 在琺瑯盤中鋪上料理紙。

• 用篩網將黑櫻桃撈起瀝乾。

• 將1張廚房紙巾對折2次。

• 準備好蒸烤用的熱水（60℃）。

• 烤箱預熱至170℃。

memo
酸奶油可以用瀝乾水分的優格代替，白酒則是可以用
檸檬汁替代。享用時可以搭配新鮮水果。

作法

❶ 將OREO餅乾裝入較厚的塑膠袋（或是保鮮夾
鏈袋）中，用擀麵棍敲成稍大的碎塊（a），接
著將餅乾碎放入準備好的琺瑯盤中填滿底部。

❷ 在攪拌盆中放入奶油乳酪、酸奶油、細砂糖，
以打蛋器攪拌至滑順。

❸ 接著依序加入蛋黃、白酒、玉米澱粉，每次加
入時都充分攪拌均勻。

❹ 接著倒入準備好的琺瑯盤中，用抹刀將乳酪
糊仔細地填滿四個角落，並將表面抹平。從
檯面15cm高處輕摔琺瑯盤，排除多餘的空氣
（b）。

❺ 在表面排列黑櫻桃，將其輕壓固定在乳酪糊中
（c）。

❻ 將廚房紙巾放在烤盤上，接著將❺放在紙巾
上，將烤盤連同琺瑯盤一起放入170℃的烤箱
中，並在烤盤中倒入1cm高預備好的熱水。在
這個狀態下烘烤15分鐘，接著將溫度調降至
160℃，繼續烘烤25分鐘。
＊倒熱水時要小心別燙傷。烘烤過程中若發現烤盤上
的水變少了，可以再添加。

❼ 烤好之後將整個琺瑯盤放在網架上冷卻，放涼
之後再放進冰箱中冷藏半天左右。

a

b

c

Cheesecake

Apple & chamomile baked cheesecake

蘋果洋甘菊
重乳酪蛋糕

若隱若現的紅色線條，讓這個蘋果乳酪蛋糕看起來分外可愛。
而具有「大地的蘋果」之稱的洋甘菊，讓蛋糕的美味更有深度。

材料 （21×16.5×3cm的琺瑯盤1個份）

奶油乳酪 … 200g

原味優格 … 30g

細砂糖 … 60g

蛋液 … 1個份

檸檬汁 … 1小匙

鮮奶油 … 1/2杯

玉米澱粉 … 15g

乾燥洋甘菊 … 2小匙

蘋果 … 1/2個份

前置準備

• 奶油乳酪退冰至室溫，使其軟化。

• 在琺瑯盤中鋪上料理紙。

• 烤箱預熱至180℃。

memo

在乳酪蛋糕中加入香料花草可以讓口味更輕盈順口。雖然食譜中是將蘋果切薄片插入蛋糕中，不過，將蘋果切丁拌入乳酪糊中烘烤也很美味。乾燥洋甘菊的部分，可以用沒有加入紅茶葉的洋甘菊茶包（1包份）。

作法

❶ 在攪拌盆中放入奶油乳酪、原味優格、細砂糖，以打蛋器攪拌至滑順（a）。

❷ 分2次加入蛋液，每次加入時都要攪拌均勻（b）。

❸ 依序加入檸檬汁、鮮奶油、玉米澱粉、洋甘菊，每次加入時都充分攪拌均勻。

❹ 接著倒入琺瑯盤中，用抹刀將乳酪糊仔細地填滿四個角落，並將表面抹平。從檯面15cm高處輕摔琺瑯盤，排除多餘的空氣。

❺ 將帶皮的蘋果切成薄片，帶皮面朝上，用插入的方式排列在❹上（c）。

❻ 放入180℃的烤箱中烘烤30分鐘。烤好之後將整個琺瑯盤放在網架上冷卻，放涼之後再放進冰箱中冷藏半天左右。

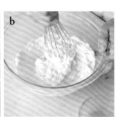
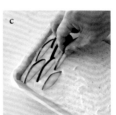

Cheesecake

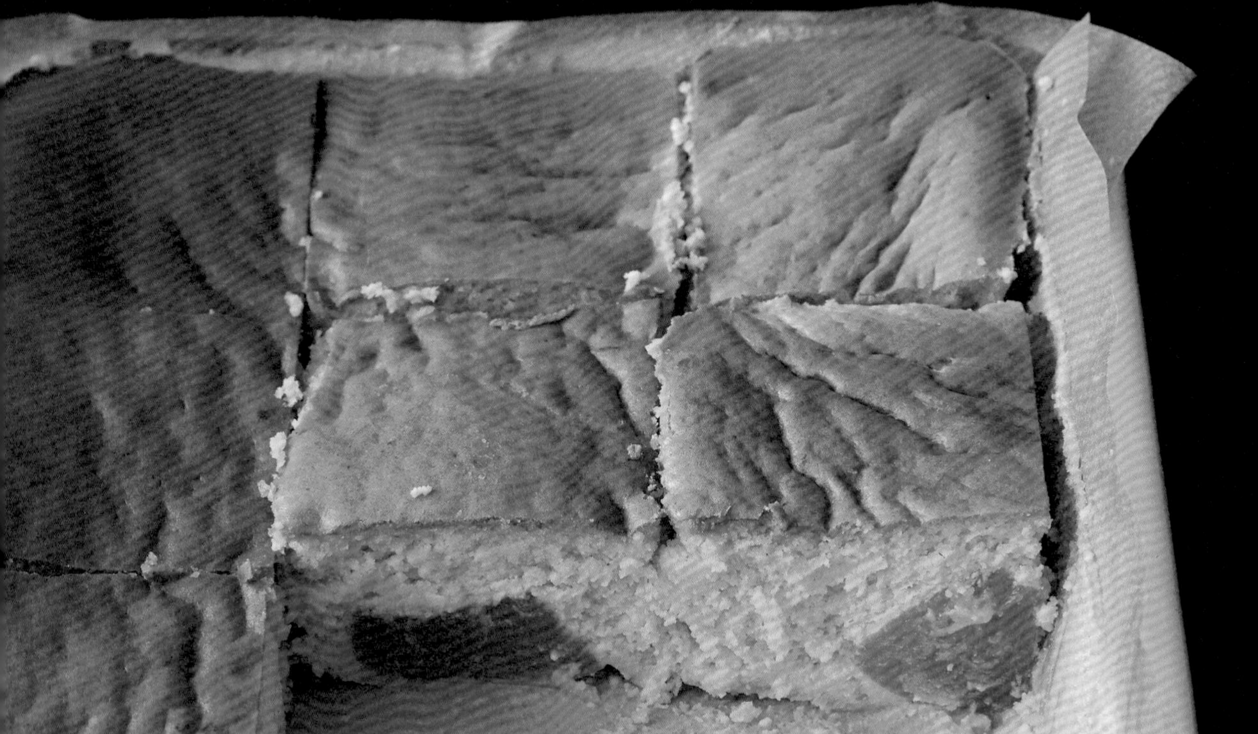

Cheesecake like soufflé with spice & ginger

薑汁風味
舒芙蕾起司蛋糕

在鬆軟且帶著奶香味的舒芙蕾起司蛋糕中
加入辛香料及薑汁，變成大人的口味。

材料（21×16.5×3cm的琺瑯盤1個份）

奶油乳酪 … 100g
煉乳 … 20g
蛋黃 … 2個份
檸檬汁 … 1小匙
玉米澱粉 … 5g
肉桂粉、小豆蔻粉 … 各少許
A
鮮奶油 … 50g
無鹽奶油… 10g
薑汁 … 10g
蛋白 … 2個份
細砂糖 … 30g
黃桃（罐頭）… 100g

前置準備

- 奶油乳酪退冰至室溫，使其軟化。
- 在琺瑯盤中鋪上料理紙。
- 蛋白放入冰箱中冷藏。
- 將1張廚房紙巾對折2次。
- 準備好蒸烤用的熱水（60℃）。
- 烤箱預熱至180℃。

memo

配方中的檸檬汁雖然只有一點點，卻是決定味道的關鍵，所以千萬別忘了。蛋白在攪打發泡之前持續在冷藏狀態，才能打出細緻有彈力的蛋白霜。

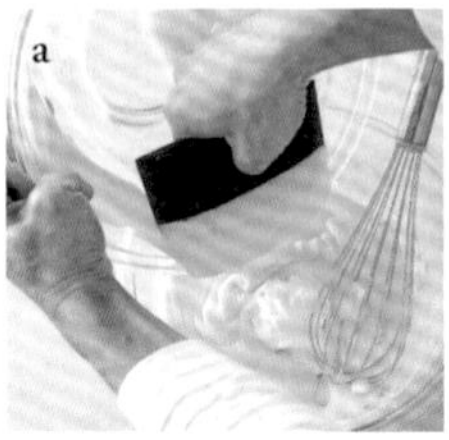
a

b

作法

❶ 將A放入耐熱容器中，蓋上保鮮膜，以微波爐加熱30秒左右，使奶油融化。

❷ 將黃桃的水分瀝乾，切成5～6cm丁狀，鋪在準備好的琺瑯盤底部。

❸ 在攪拌盆中放入奶油乳酪、煉乳，以打蛋器攪拌混合。攪拌滑順之後，加入蛋黃及檸檬汁混合均勻。

❹ 將玉米澱粉、肉桂粉、小豆蔻粉一起用篩網篩入盆中，攪拌均勻。

❺ 將❶分2次加入❹中，每次加入時都攪拌均勻。

❻ 在另一個攪拌盆中放入冰的蛋白，以電動攪拌器㊦將蛋白攪打至稍微發泡，接著將轉速調成㊤，繼續攪打發泡。過程中分3次加入細砂糖，提起攪拌器時，蛋白霜呈現柔軟的尖角狀時，再將轉速調整為㊦，繼續將其打發成綿密的蛋白霜。攪打至提起攪拌器時蛋白霜呈現直立的尖角狀即可。

❼ 在❺中加入1/3量的❻，以打蛋器攪拌均勻。

❽ 將❼倒回❻的盆中（a），以矽膠刮刀拌勻，並注意不要壓壞蛋白霜的泡沫。

❾ 接著倒入❷的琺瑯盤中，用抹刀將乳酪糊仔細地填滿四個角落，並將表面抹平。從檯面15cm高處輕摔琺瑯盤，排除多餘的空氣。

❿ 將廚房紙巾放在烤盤上，接著將❾放在紙巾上，將烤盤連同琺瑯盤一起放入180℃的烤箱中，並在烤盤中倒入1cm高預備好的熱水（b）。在這個狀態下烘烤20分鐘，接著將溫度調降至170℃，繼續烘烤15～18分鐘。

＊倒熱水時要小心別燙傷。烘烤過程中若發現烤盤上的水變少了，可以再添加。

⓫ 烤好之後將整個琺瑯盤放在網架上冷卻，放涼之後再放進冰箱中冷藏半天左右。

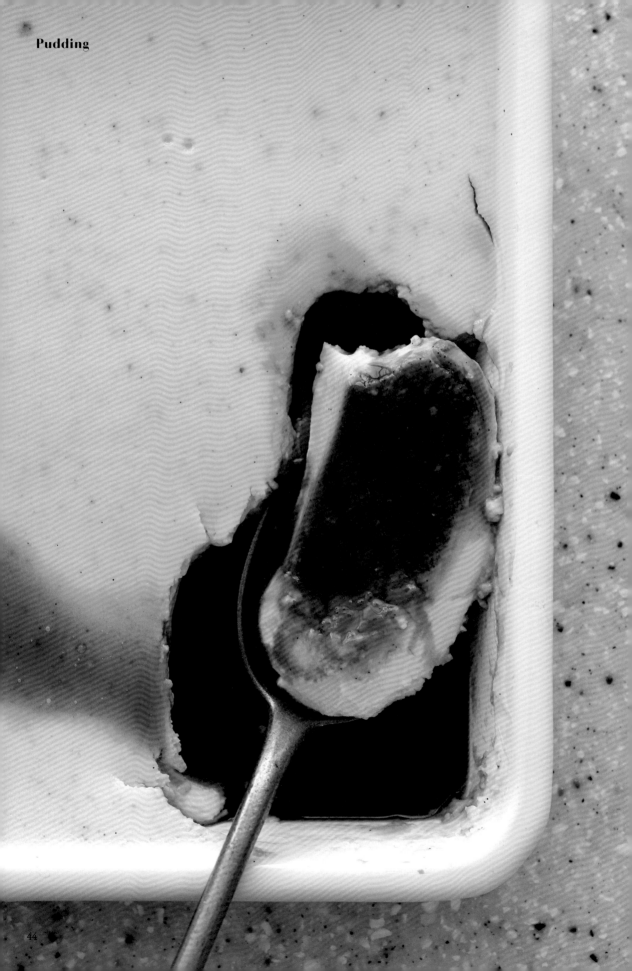

Crème caramel

鮮奶油布丁

柔和的雞蛋風味與微苦的焦糖形成絕妙的平衡。
彈力十足的布丁裏上濃稠的焦糖，是種令人懷念的古早味布丁。

材料（21×16.5×3cm的琺瑯盤1個份）

蛋 … 2個
蛋黃 … 1個份
細砂糖 … 60g
香草莢 … 1/3根份
牛奶 … 1/2杯
鮮奶油 … 1杯
焦糖
　細砂糖 … 50g
　君度橙酒 … 2大匙
沙拉油 … 適量

前置準備

• 以縱向將香草莢剖開，刮出香草籽。豆莢插
　進細砂糖中備用。
• 在琺瑯盤內側塗上一層薄薄的沙拉油。
• 準備好蒸烤用的熱水（60℃）。
• 烤箱預熱至150℃。

memo

只要將材料都加進蛋中攪拌混合就能做出這款布丁。
蛋液要過濾2次，接著粗略地用打蛋器等工具將材料攪
拌均勻，取出雞蛋的繫帶等雜質，就能做出口感柔滑
的布丁了。

作法

❶ 製作焦糖：將細砂糖放入小鍋中，以中火加
熱，在1/3量的細砂糖融化之前，都不要動鍋
子，看著就好。當糖出現淡淡的焦色時，拿起
鍋子在爐上慢慢地畫圈，讓全部的糖融化，並
繼續熬煮。煮到冒出大顆氣泡，變成更濃的
焦褐色時就可以關火，加入君度橙酒使其融合
（a）。接著用小火加熱，使焦糖均勻地溶化之
後，倒入準備好的琺瑯盤中，傾斜琺瑯盤，使
底部鋪滿焦糖。
＊在砂糖上色前千萬不能動它。另外，加入君度橙酒
時可能會噴濺，要小心。

❷ 將蛋及蛋黃放入盆中，以打蛋器輕輕地將其打
散混合，接著將拿出了香草莢的細砂糖及香草
籽加入盆中，用打蛋器刮拌混合蛋液，盡量不
要攪打出泡沫。攪拌均勻之後，加入牛奶、鮮
奶油，輕緩地攪拌混合。

❸ 用篩網將❷過濾2次（b），再倒入準備好的琺
瑯盤中。
＊篩網中剩下的蛋液可以丟棄。

❹ 在烤盤上鋪上布巾，再放上❸，將烤盤放入
150℃的烤箱中。倒入高至烤盤邊緣的熱水
（c），烘烤35～40分鐘。
＊倒熱水時要小心別燙傷了。

❺ 用竹籤刺入❹的中心，取出時竹籤沒有沾黏蛋
液的話就代表烤好了（d）。接著將整個琺瑯盤
放在網架上冷卻，放涼之後再放進冰箱中冷藏
2～3小時。

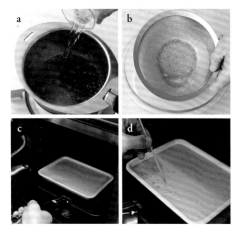

Espresso crème caramel

Espresso 鮮奶油布丁

使用新鮮現泡的咖啡製作鮮奶油布丁。
結合了濃郁風味與撲鼻的香氣，是款滋味香濃豐富的甜點。

材料 （21×16.5×3cm的琺瑯盤1個份）

粗粒研磨咖啡粉（深焙）… 30g

熱水 … 100g

蛋 … 2個

蛋黃 … 1個份

細砂糖 … 60g

香草莢 … 1/3根份

牛奶 … 1/2杯

鮮奶油 … 1杯

焦糖
細砂糖 … 50g
白蘭地 … 2大匙

沙拉油 … 適量

前置準備

• 以縱向將香草莢剖開，刮出香草籽。
豆莢插進細砂糖中備用。

• 在琺瑯盤內側塗上一層薄薄的沙拉
油。

• 準備好蒸烤用的熱水（60℃）。

• 烤箱預熱至150℃。

作法

❶ 參照p.45「鮮奶油布丁」的作法❶製作焦糖，並將君度橙酒換成白蘭地。

❷ 將咖啡粉及熱水放入盆中攪拌混合，蓋上保鮮膜靜置5分鐘萃取咖啡液，接著用咖啡濾紙等工具過濾。食譜中會使用到其中50g的咖啡液。
＊趕時間的話，可以用即溶咖啡粉沖泡較濃的咖啡液。

❸ 將蛋及蛋黃放入盆中，以打蛋器粗略地將其打散混合，接著將拿出了香草莢的細砂糖及香草籽加入盆中，用打蛋器刮拌混合蛋液，盡量不要攪打出泡沫。攪拌均勻之後，加入❷的咖啡液及牛奶、鮮奶油，輕緩地攪拌混合。

❹ 用篩網將❸過濾2次，再倒入準備好的琺瑯盤中。
＊篩網中剩下的蛋液可以丟棄。

❺ 在烤盤上鋪上布巾，再放上❹，將烤盤放入150℃的烤箱中。倒入高至烤盤邊緣的熱水，烘烤35～40分鐘。
＊倒熱水時要小心別燙傷了。

❻ 用竹籤刺入❺的中心，取出時竹籤沒有沾黏蛋液的話就代表烤好了。接著將整個琺瑯盤放在網架上冷卻，放涼之後再放進冰箱中冷藏2～3小時。

Strawberry & honey clafoutis

草莓蜂蜜布丁蛋糕

在類似布丁蛋液的材料中加入麵粉，加上水果一起烘烤成布丁蛋糕。
吸附了果汁的蛋糕體，帶有獨特的軟糯口感。

材料（21×16.5×3cm的琺瑯盤1個份）

低筋麵粉 … 70g

鹽 … 1撮

蛋 … 2個

蜂蜜 … 30g

鮮奶油 … 1/2杯

牛奶 … 1杯

雪利酒 … 1大匙

草莓 … 1/2盒

沙拉油 … 適量

前置準備

• 在琺瑯盤內側塗上一層薄薄的沙拉油。

• 草莓快速地用水沖洗後，充分瀝乾水分，
  並摘除蒂頭。

• 烤箱預熱至180℃。

memo

確實烤出漂亮的金黃色和美味程度是有關連的。可以
搭配蘋果、西洋梨、無花果、櫻桃等各式廚房就有的
季節水果。

作法

❶ 將低筋麵粉及鹽放入盆中用打蛋器粗略地混合，接
   著加入蛋及蜂蜜，攪拌至沒有粉粒感為止。

❷ 依序加入鮮奶油、牛奶、雪利酒，每次加入時都充
   分地攪拌均勻。

❸ 將麵糊倒入準備好的琺瑯盤中，排列上草莓。

❹ 放入180℃的烤箱中，烘烤23～25分鐘，直到整體
   呈現金黃色。熱熱的吃，或是放進冰箱冷藏後再吃
   都很美味。享用時，可依喜好淋上蜂蜜。

Cream of whipped Technique

發泡鮮奶油的製作技巧

輕盈蓬鬆的發泡鮮奶油是製作甜點時不可或缺的存在。
不過,要在理想的狀態下將鮮奶油打發其實意外地困難。為了預防失敗,還是要熟練基本的打發方式哦。

溫度管理是關鍵

如果不是在10℃以下進行攪打,就無法做出細緻滑順的發泡鮮奶油。因此,鮮奶油在使用之前要放在冰箱中冷藏,進行攪打時也要在涼爽的空間,並在攪拌盆底墊著冰水。如果可以的話,最好能將攪拌盆及打蛋器等用具都先冰鎮。建議挑選導熱率高的不鏽鋼材質攪拌盆。

＊這裡使用的是可以輕易看見盆內狀態的耐熱玻璃材質攪拌盆。

攪打方式

❶ 在較大的攪拌盆中倒入冰水,再將鮮奶油倒入小一號的攪拌盆中,並將較小的攪拌盆疊在大盆上。

❷ 加入細砂糖後,將小盆稍微傾斜,打蛋器打橫,快速地攪打

至發泡。

❸ 當鮮奶油出現濃稠感時,以畫橢圓的方式慢慢地繼續攪打至各個食譜需要的柔軟度。

◎ 鮮奶油的發泡程度因使用目的而有不同。而發泡軟硬度,通常會以「○分發」標示。

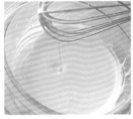

6分發
提起打蛋器時,會順暢地流下細線般的鮮奶油,落入盆中後不會留下痕跡。

7分發
提起打蛋器時,鮮奶油會緩慢地流下,落入盆中的位置會稍微隆起。

8分發
提起打蛋器時,緩慢流下的鮮奶油帶有黏稠感,落入盆中的位置會留下線條的痕跡。

9分發
提起打蛋器時鮮奶油不會落下,末端的尖角狀是立起的,不過因為仍是柔軟的質地,會慢慢地垂下。

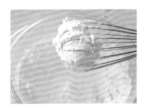

⚠ 小心過度發泡

當鮮奶油開始出現濃稠感時,狀態的變化會在轉瞬之間,所以攪打過程中要不時地確認狀態。當鮮奶油表面出現失水、粗糙的樣子時,就是過度發泡的徵兆。只要水分和脂肪還沒分離,就可以分次加入少量鮮奶油,使其慢慢溶入其中,就能恢復滑順的狀態了。不過,風味和口感都沒辦法回到原本的狀態。已經油水分離的鮮奶油,繼續攪打就會變成奶油。

Tarts, Pies + Crumbles

塔／派／烤奶酥

Raspberry tart

覆盆子塔

烤好的塔皮上擺滿了覆盆子，
搭配杏仁和馬斯卡彭雙重奶油醬，滋味令人著迷不已。

材料 （21×16.5×3cm的琺瑯盤1個份）

基礎塔皮（→p.78）… 全量
杏仁奶油醬
  無鹽奶油… 70g
  細砂糖 … 70g
  鹽 … 1撮
  蛋 … 1個
  杏仁粉 … 70g
馬斯卡彭乳酪醬
  馬斯卡彭乳酪 … 100g
  蜂蜜 … 1大匙
  白酒 … 1小匙
覆盆子 … 1杯（120g）
開心果 … 適量

前置準備

• 將杏仁奶油醬要使用的奶油退冰至室溫，使其軟化。
• 馬斯卡彭乳酪醬要用的蜂蜜及白酒放到耐熱容器中，蓋上保鮮膜，以微波爐稍微加熱使其溶化混合，再放涼。
• 用布巾及擀麵棍等工具清除覆盆子的細毛及內側的髒汙。開心果切成粗碎粒。
• 在琺瑯盤中鋪上料理紙。
• 烤箱預熱至180℃，將塔皮盲烤後，再次將烤箱預熱至180℃。

作法

❶ 參照p.78製作塔皮麵團。

❷ 在工作檯面上撒上手粉，放上塔皮麵團，用擀麵棍將其擀成3mm厚，面積比琺瑯盤大一圈（約22×25cm）。

❸ 將生塔皮鋪在準備好的琺瑯盤中，整體用叉子戳出氣孔。

❹ 盲烤：在生塔皮上鋪上料理紙，再放上重石（派石或豆子等），放入180℃的烤箱中烘烤20分鐘。暫時取出塔皮，拿出重石並拆下料理紙，繼續以180℃烘烤10分鐘後取出，連同琺瑯盤放在冷卻架上放涼。

❺ 製作杏仁奶油醬：將軟化的奶油放入盆中，用矽膠刮刀輕輕地攪拌，依序加入其餘材料攪拌混合（a）。
＊切記不要用力攪拌將空氣拌入。

❻ 將❺倒入❹中，用抹刀塗抹延展，並讓中央凹陷（b），四個角落也要確實填滿。
＊因為烘烤後中央會膨脹起來，所以要預先將中央的部分抹薄一點，烤出來才會是平整的。

❼ 放入180℃的烤箱中烘烤25～30分鐘（c），取出後連同琺瑯盤放在冷卻架上放涼。

❽ 製作馬斯卡彭乳酪醬：將馬斯卡彭乳酪放入盆中，以矽膠刮刀輕輕地攪拌，待其變成均勻柔軟的狀態時，再加入準備好的蜂蜜白酒攪拌混合（d）。

❾ 將❽塗抹在❼上，排列覆盆子，撒上開心果就完成了。

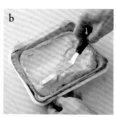
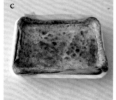

memo
在酥脆的塔皮中填入杏仁奶油醬烘烤，接著在上方塗抹適合搭配覆盆子的馬斯卡彭乳酪醬。無法取得馬斯卡彭乳酪的話，可以用咖啡濾紙將優格的水分瀝乾後使用，也能做出美味的覆盆子塔。

Blueberry tart
藍莓塔

品嘗這款點心時能感受到藍莓的新鮮果汁在口中迸發開來。
大口咬下，享受各種味道和諧地交織在一起。

材料 （21×16.5×3cm的琺瑯盤1個份）

基礎塔皮（→p.78）… 全量
杏仁奶油醬
| 無鹽奶油… 70g
| 細砂糖… 70g
| 鹽… 1撮
| 蛋… 1個
| 杏仁粉… 70g
| 肉桂粉… 少許
奶油乳酪醬
| 奶油乳酪… 50g
| 細砂糖… 2大匙
| 薑汁… 1小匙
| 鮮奶油… 1/4杯
藍莓… 1杯（150g）
糖粉… 適量

前置準備

• 將杏仁奶油醬要使用的奶油退冰至室溫，使其軟化。
• 快速地清洗藍莓，並將水分充分瀝乾。
• 在琺瑯盤中鋪上料理紙。
• 烤箱預熱至180℃，將塔皮盲烤後，再次將烤箱預熱至180℃。

memo

藍莓的生產農家曾經說過「沒有一次吃下三顆藍莓的話，就不懂藍莓的全部」，藍莓一顆一顆吃的味道是不一樣的。因此，製作蛋糕時要記得放上滿滿的藍莓，才是最美味的吃法。淡淡的香料及薑汁，增添了些許辛辣的風味。

作法

❶ 參照p.78製作塔皮麵團。

❷ 在工作檯面上撒上手粉，放上塔皮麵團，用擀麵棍將其擀成3mm厚，面積比琺瑯盤大一圈（約22×25cm）。

❸ 將生塔皮鋪在準備好的琺瑯盤中，整體用叉子戳出氣孔。

❹ 盲烤：在生塔皮上鋪上料理紙，再放上重石（派石或豆子等），放入180℃的烤箱中烘烤20分鐘。暫時取出塔皮，拿出重石並拆下料理紙，繼續以180℃烘烤10分鐘後取出，連同琺瑯盤放在冷卻架上放涼。

❺ 製作杏仁奶油醬：將軟化的奶油放入盆中，用矽膠刮刀輕輕地攪拌，依序加入其餘材料攪拌混合。
＊切記不要用力攪拌將空氣拌入。

❻ 將❺倒入❹中，用抹刀塗抹延展，並讓中央凹陷，四個角落也要確實填滿。
＊因為烘烤後中央會膨脹起來，所以要預先將中央的部分抹薄一點，烤出來才會是平整的。

❼ 放入180℃的烤箱中烘烤25～30分鐘，取出後連同琺瑯盤放在冷卻架上放涼。

❽ 製作奶油乳酪醬：將奶油乳酪放入盆中，以矽膠刮刀輕輕地攪拌至柔軟的狀態（a），再依標示順序加入其餘材料攪拌混合（b）。

❾ 將❽塗抹在❼上，放上藍莓（c），要吃之前以糖粉篩撒上糖粉。

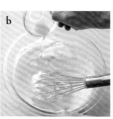

Quiche

Quiche

鹹派

搭配沙拉就是一份午餐，和香檳一起品嚐即為派對小點。
鹹派之所以吸引人，就是因為在各種場合都能享用。

材料 （21×16.5×3cm的琺瑯盤1個份）

基礎塔皮（→ p.78）… 全量
火腿 … 3片
加工起司 … 50g
洋蔥 … 中型1/2個
蛋奶糊
　蛋 … 1個
　鮮奶油 … 1/2杯
　牛奶 … 2大匙
　鹽 … 少許
　胡椒 … 少許
起司粉、橄欖油 … 各適量

前置準備

• 在琺瑯盤中鋪上料理紙。
• 烤箱預熱至180℃，將塔皮盲烤後，再次將
　烤箱預熱至180℃。

memo
蛋奶糊只要過濾一次就能做出滑順的口感。炒洋蔥原
本應該鋪在各種餡料的底部，但是為了保持塔皮酥脆
的口感，所以改成放在火腿與起司上方。餡料可依喜
好任意搭配。

作法

❶ 參照p.78製作塔皮麵團。

❷ 在工作檯面上撒上手粉，放上塔皮麵團，用擀
　麵棍將其擀成3mm厚，面積比琺瑯盤大一圈
　（約22×25cm）。

❸ 將生塔皮鋪在準備好的琺瑯盤中，整體用叉子
　戳出氣孔。

❹ 盲烤：在生塔皮上鋪上料理紙，再放上重石
　（派石或豆子等），放入180℃的烤箱中烘烤
　20分鐘。暫時取出塔皮，拿出重石並拆下料理
　紙，繼續以180℃烘烤10分鐘後取出，連同琺
　瑯盤放在冷卻架上放涼。

❺ 火腿及加工起司切成方便入口的大小。

❻ 洋蔥切成細絲，加入燒了熱油的平底鍋中炒至
　焦糖色後（a），取出放涼備用。

❼ 將蛋奶糊的材料放入盆中用打蛋器攪拌混合，
　再用篩網過濾（b）。

❽ 依序在❹中鋪上❺、❻，倒入❼（c），再撒上
　起司粉。

❾ 放入180℃的烤箱中烘烤25分鐘，烤出焦色之
　後稍微搖晃一下，確定內餡沒有在晃動就代表
　烤好了（d）。連同琺瑯盤放在冷卻架上放涼。

蘋果派

蛋白霜檸檬萊姆派

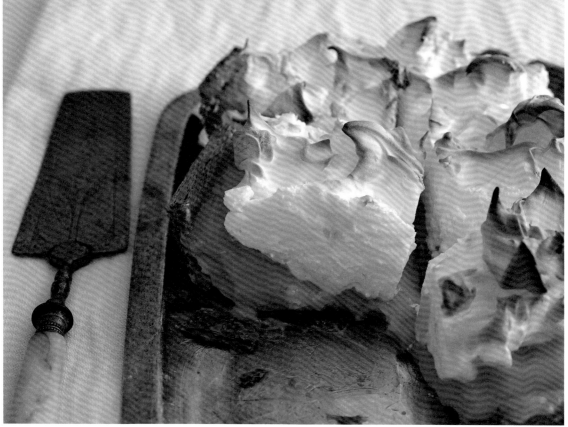

Apple pie

蘋果派

這款美味的蘋果派，可以直接品嘗到
散發著奶油香氣的酥脆派皮及酸甜的蘋果風味。

材料（21×16.5×3cm的琺瑯盤1個份）

基礎派皮（→ p.79）… 全量
內餡
　蘋果（紅玉）… 2個
　細砂糖 … 30g
　無鹽奶油… 20g
　杏仁粉（或麵包粉）… 10g
　葡萄乾 … 20g
手粉（高筋麵粉）… 適量
牛奶、糖粉 … 各適量

前置準備

• 在琺瑯盤中鋪上料理紙。
• 烤箱預熱至200℃。

memo

加入少量的杏仁粉及葡萄乾，可以吸收烘烤中產生的
蘋果汁液。這樣派皮底部就不會因此而變得濕軟，可
以確實地烤熟。表面的派皮直接用一張擀平的麵團蓋
上也可以。若是採用這種方式，請依照「李子肉派」
（p.60）的作法，在表面劃開氣孔。

作法

❶ 參照p.79製作派皮麵團。

❷ 製作內餡：將蘋果縱切成4塊，去除外皮和內
核後，切成3～4cm厚的片狀。在鍋中放入細
砂糖，以中火加熱使其溶化，煮成淡淡的咖啡
色後，加入奶油，待奶油也融化後，加入蘋果
（a），將蘋果熬煮至出水變軟的狀態。煮到喜歡
的軟硬度後，加入杏仁粉及葡萄乾攪拌均勻，再
取出放涼。

❸ 在工作檯面上撒上手粉，放上派皮麵團，分切成
2等分，分別用擀麵棍擀成3mm厚，面積比琺瑯
盤大一圈（約22×25cm）。其中一片鋪在琺瑯盤
底部，整體用叉子戳出氣孔。在使用前先放入冰
箱中冷藏備用。

❹ 另一片派皮切成1.5cm寬的緞帶狀，用縱橫交叉
的方式編成格子狀，再用擀麵棍稍微擀成均勻的
厚度（b）。在撒了手粉的砧板或翻面的琺瑯盤上
進行這項作業後，直接放入冰箱中冷藏靜置10分
鐘左右。

❺ 將❷填入❸中抹平，在派皮的邊緣用毛刷塗上薄
薄一層牛奶，接著蓋上❹，將邊緣黏緊。切除周
圍多餘的派皮（c）。

❻ 放入200℃的烤箱中烘烤20～23分鐘，烤成金黃
色後取出，將烤箱溫度調成230℃。以糖粉篩在
派的表面撒上薄薄一層糖粉（d），接著將派放回
烤箱中烘烤約1分鐘，使糖粉溶化，增添表面的
光澤。

Lemon & lime meringue pie

蛋白霜檸檬萊姆派

蛋白霜的甜味與檸檬萊姆醬的酸味形成了絕妙的平衡。
特殊的外觀很適合當作下午茶時間的主角。

材料（21×16.5×3cm的琺瑯盤1個份）

基礎派皮（→p.79）… 1/2量

檸檬萊姆醬

- 蛋 … 1個
- 蛋黃 … 2個份
- 細砂糖 … 60g
- A
  - 檸檬汁 … 45g（約1個份）
  - 萊姆汁 … 45g（約1個份）
  - 檸檬皮碎屑… 1個份
  - 萊姆皮碎屑… 1個份
  - 細砂糖 … 50g
  - 無鹽奶油… 100g

蛋白霜

- 蛋白 … 2個份
- 細砂糖 … 60g

前置準備

- 在琺瑯盤中鋪上料理紙。
- 烤箱預熱至190℃，將派皮盲烤後，再將烤箱預熱至250℃。

memo

檸檬加上萊姆可以讓香氣及酸味更加清爽。當然，只用兩者之中的其中一種也是可以的。果汁量不夠的話，可以加白酒或水補足。當蛋白霜在上色階段時，一定要待在烤箱旁邊。不在旁邊看著的話一下子就會燒焦了。

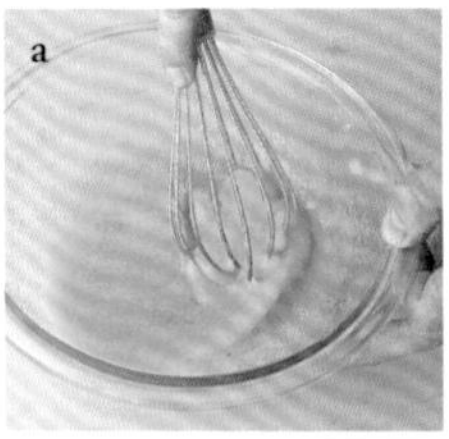
a

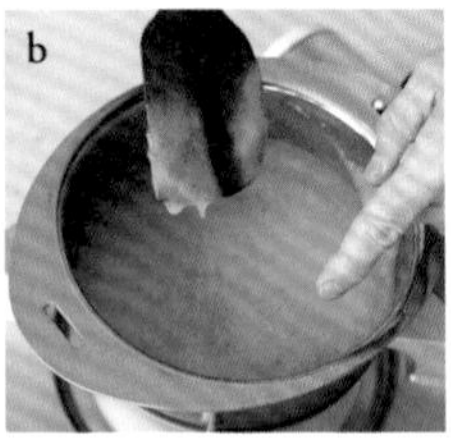
b

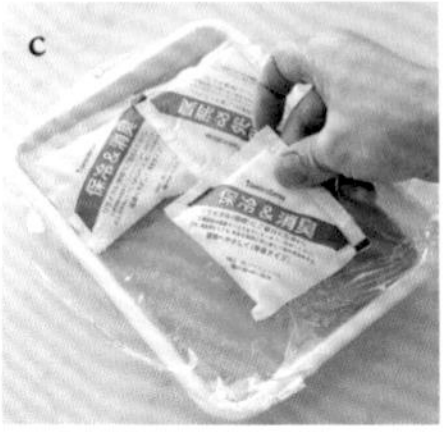
c

作法

❶ 參照p.79製作派皮麵團。

❷ 在工作檯面上撒上手粉，放上派皮麵團，用擀麵棍將其擀成3mm厚，面積比琺瑯盤大一圈（約22×25cm）。

❸ 將派皮鋪在準備好的琺瑯盤中，整體用叉子戳出氣孔。

❹ 盲烤：在派皮上鋪上料理紙，再放上重石（派石或豆子等），放入190℃的烤箱中烘烤20分鐘。暫時取出派皮，拿出重石並拆下料理紙，繼續以190℃烘烤10分鐘後取出，連同琺瑯盤放在冷卻架上放涼。

❺ 製作檸檬萊姆醬：將蛋、蛋黃及細砂糖放入盆中，用打蛋器以刮拌的方式攪拌至泛白（a）。

❻ 將A放入鍋中以中火加熱，將奶油及細砂糖煮至溶化且沸騰，再加入❺中攪拌混合。

❼ 將❻倒回鍋中，以中小火加熱，過程中不斷地用矽膠刮刀攪拌，直到出現黏稠感。完成的參考標準是拿起矽膠刮刀時，上面的醬料不會滴落，且用手指劃過時會留下一條線的痕跡（b）。

❽ 將❼倒入琺瑯盤等容器中鋪平，在表面緊貼一層保鮮膜防止乾燥，接著在上方放上保冷劑（或是裝入冰塊的塑膠袋）使其冷卻（c）。溫度下降後，就可以填入❹中抹平。

❾ 製作蛋白霜：將蛋白放入攪拌盆中，以電動攪拌器㊥將其打散。開始稍微發泡時，分3次加入細砂糖，以(高)攪打至末端呈尖角狀的程度。

❿ 在❽的表面放上❾，用抹刀或湯匙背面輕敲，使蛋白霜呈現尖角狀。

⓫ 放入250℃的烤箱中烘烤1分鐘左右，將表面烤出焦色。取出後連同琺瑯盤放在冷卻架上放涼，再放入冰箱中冷藏1～2小時。

Meat pie with prune

李子肉派

加入紅酒燉李子及開心果製成的豐盛肉派。
把它想像是派皮包裹的漢堡排，放手做做看吧！

材料 （21×16.5×3cm的琺瑯盤1個份）

基礎派皮（→ p.79）… 全量
牛豬混合絞肉 … 200g
洋蔥 … 中型1/2個
芹菜 … 1/2根
紅蘿蔔 … 1/3根
橄欖油 … 2大匙
麵包粉 … 1杯
開心果（如果有的話）… 10粒
蛋液 … 1個份
鹽 … 2/3小匙
黑胡椒粉、肉豆蔻粉 … 各少許
紅酒燉李子
　李子乾（去籽）… 4～5個
　紅酒 … 1/2杯
　細砂糖 … 1大匙

前置準備

• 在琺瑯盤中鋪上料理紙。
• 烤箱預熱至200℃。

memo
紅酒燉李子是讓肉餡與派皮融合在一起的美味媒介。
表面派皮沒有劃開氣孔的話，烘烤過程中就會像氣球
一樣膨脹破裂，因此，畫完裝飾花紋之後別忘了要開
孔。

作法

❶ 參照p.79製作派皮麵團。

❷ 在工作檯面上撒上手粉，放上派皮麵團，分切成1/3
量及2/3量。以擀麵棍將1/3量擀成約18×22cm的
大小，厚度3mm。2/3量擀成約22×25cm，厚度
3mm。使用前先放入冰箱中冷藏備用。

❸ 將洋蔥、芹菜、紅蘿蔔切碎。

❹ 在鍋中加入橄欖油，以小火加熱，加入❸，蓋上鍋
蓋悶煮，並不時地翻炒。炒到鍋鏟可以輕易將其壓
成泥狀後，就可以取出放涼。

❺ 將紅酒燉李子的材料放入小鍋中，以小火熬煮至出
現黏稠感後，將李子取出。

❻ 將絞肉及❹放入盆中，接著加入麵包粉、開心果、
2/3量的蛋液、鹽、黑胡椒、肉豆蔻粉，攪拌到出現
黏性。

❼ 在準備好的琺瑯盤中鋪上❷中較大的派皮，整體以
叉子戳出氣孔。

❽ 將❻填入❼中並鋪平，再將❺均勻地壓進肉餡裡
（a）。

❾ 在派皮的邊緣用毛刷塗上薄薄一層蛋液，接著蓋上
另一片派皮，將邊緣壓緊實（b）。

❿ 在表面塗上蛋液，並用刀尖畫出裝飾的花紋（切進
派皮的一半厚度），並在中央及其他4～5處用刀子
劃開氣孔（c）。

⓫ 切除邊緣多餘的派皮（d），放入200℃的烤箱中烘
烤30～35分鐘。

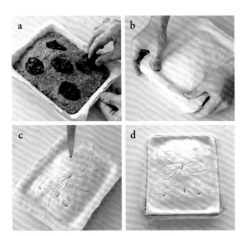

Caramel & banana crumble

牛奶糖香蕉奶酥

軟糯濃郁的烤香蕉＋香脆的奶酥粒及堅果
＋奶香十足的牛奶糖＝令人上癮的美味！

材料 （21×16.5×3cm的琺瑯盤1個份）

奶酥粒

| 低筋麵粉 … 30g
| 杏仁粉 … 30g
| 細砂糖 … 20g
| 鹽 … 1撮
| 脫脂牛奶 … 1小匙
| 無鹽奶油 … 20g

香蕉 … 2根

核桃 … 20g

牛奶糖（市售）… 2～3顆

沙拉油 … 適量

前置準備

• 奶油切成1cm丁狀，放入冰箱中冷藏。
• 在琺瑯盤內側塗上一層薄薄的沙拉油。
• 低筋麵粉及杏仁粉混合過篩。
• 烤箱預熱至180℃。

作法

❶ 製作奶酥粒：在盆中放入準備好的粉類、細砂糖、鹽、脫脂牛奶，粗略地攪拌混合，再加入冰奶油，用指尖將奶油塊一邊捏碎一邊與粉類搓揉混合。當奶油粉粒開始變小時，就用手心搓揉混合，變成鬆散的碎粒狀。捏取適量的奶酥粉握緊，再將捏出來的結塊大略地打散。
＊操作過程要迅速，避免奶油因手掌溫度融化。

❷ 將香蕉去皮，以縱長方向對切。牛奶糖切成3～4mm厚，核桃切成粗碎粒。

❸ 香蕉排列在準備好的琺瑯盤內，整體表面撒上❶，再撒上牛奶糖及核桃碎粒，放入180℃的烤箱中烘烤20分鐘。

memo

放涼後牛奶糖會變硬，不方便吃，請在剛出爐時趁熱吃哦！搭配冰淇淋的吃法也很推薦。拌好的奶酥粉可以放進夾鏈保鮮袋中冷藏保存4～5天，冷凍可保存2週。

Peach & thyme crumble

白桃百里香奶酥

在多汁白桃與香脆奶酥粒的組合中，
以清爽的百里香及帶刺激感的黑胡椒提味。

材料 （21×16.5×3cm的琺瑯盤1個份）

奶酥粒

　低筋麵粉 … 30g

　杏仁粉 … 30g

　細砂糖 … 20g

　鹽 … 1撮

　脫脂牛奶 … 1小匙

　無鹽奶油 … 20g

白桃（罐頭，對切）… 4片

百里香 … 2根

黑胡椒 … 少許

沙拉油 … 適量

前置準備

• 奶油切成1cm丁狀，放入冰箱中冷藏。

• 摘下百里香的葉子。

• 在琺瑯盤內側塗上一層薄薄的沙拉油。

• 低筋麵粉及杏仁粉混合過篩。

• 烤箱預熱至180℃。

作法

❶ 製作奶酥粒：在盆中放入準備好的粉類、細砂糖、
鹽、脫脂牛奶，粗略地攪拌混合，再加入冰奶油，
用指尖將奶油塊一邊捏碎一邊與粉類搓揉混合。當
奶油粉粒開始變小時，就用手心搓揉混合，變成鬆
散的碎粒狀。捏取適量的奶酥粉握緊，再將捏出來
的結塊大略地打散。

＊操作過程要迅速，避免奶油因手掌溫度融化。

❷ 白桃整齊排列在準備好的琺瑯盤內，整體表面撒上
❶，再撒上百里香葉及黑胡椒，放入180℃的烤箱
中烘烤20分鐘。

memo

由於白桃果肉厚實，經過烘烤還是可以保持水潤多汁，很適
合搭配香脆的奶酥粒。沒有百里香也無妨，但是一定要撒黑
胡椒哦。這款奶酥甜點不論是熱熱地吃，或是冰鎮後再吃都
很美味。

Wrapping Idea
包裝發想

潔白的琺瑯盤外觀本身就很時尚。連同琺瑯盤一起包裝進去，就能當作伴手禮、慰勞品、贈禮以及善意的分享。
一定會是一份讓人感覺到手作的溫馨及安心感，非常棒的禮物。

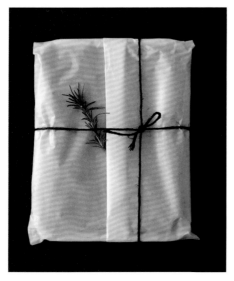

使用料理紙

具有防水、防油特性的料理紙，作為食品包裝再適合不過了。恰到好處的微透感，加上輕薄柔韌的質感，給人俐落的印象。依下述技巧包裝，用黑色的麻繩打結綁緊，再附上一支香草。

使用OPP塑膠膜

利用防潮、耐水性佳的OPP塑膠膜製作可透視的包裝。可以實際看到整個琺瑯盤禮盒，一定能吸引大家的目光。依左下所述的技巧包裝，用長尾夾將留言小卡固定，完成簡約的包裝。

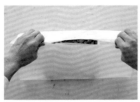

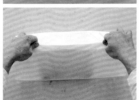

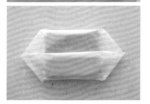

基本的包裝方式

❶ 將琺瑯盤放在包裝紙中央，上下同高，並將其拉起。

❷ 將包裝紙的兩端相貼合，向下往內捲起，一直捲到貼合琺瑯盤的高度。

❸ 接著將兩邊折成三角形，再往下折到琺瑯盤底部。

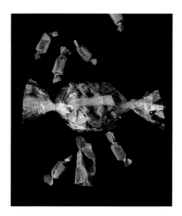

番外篇

牛奶糖的包裝。將包裝紙裁成可以將牛奶糖包裹一圈半，且兩端可以擰轉的長度，另外再將牛奶糖一顆顆包好。完成上述步驟後，依左述的步驟❶、❷進行包裝，再將左右兩邊擰緊，最後用透明膠帶固定就可以了。

Chapter No.5

Desserts

甜點

Lemon guimauves & acai guimauves
檸檬及巴西莓法式棉花糖

法式棉花糖guimauve翻譯成英文的話就是marshmallow。
因為配方中沒有加蛋白，所以水果風味很明顯，口感具有彈性，且耐保存。

材料（21×16.5×3cm的琺瑯盤1個份）

◇檸檬棉花糖

檸檬汁 … 2個份
細砂糖 … 150g
水飴 … 50g
吉利丁片 … 10g
A｜水飴 … 50g
　｜白酒 … 10g
檸檬皮碎屑… 1個份
沙拉油、玉米澱粉 … 各適量

◇巴西莓棉花糖

巴西莓果汁 … 100g
細砂糖 … 150g
水飴 … 50g
吉利丁片 … 10g
B｜水飴 … 50g
　｜檸檬汁 … 2小匙（10g）
藍莓果乾 … 30g
沙拉油、玉米澱粉 … 各適量

前置準備

• 在琺瑯盤中鋪上料理紙，用毛刷塗上一層薄薄的沙拉油，再用糖粉篩撒上玉米澱粉。
• 將吉利丁片浸泡在滿滿的冰水中20分鐘以上，將其泡軟。
• 在檸檬棉花糖使用的檸檬汁中加水到100g。

memo

製作時確保材料溫度維持在109℃，就能成功做出鬆軟有彈性的棉花糖。熬煮過程中，到100℃為止都還是緩緩進行，但是一旦超過100℃，溫度就會急遽上升。為了防止燒焦，當溫度到達106～107℃時就可以關火，利用餘溫讓溫度上升至109℃。A中的水飴可以依喜好替換成蜂蜜。

作法

❶ 製作檸檬棉花糖：將A放入盆中。另外在小鍋中放入準備好的檸檬汁、細砂糖、水飴，以中火加熱，熬煮至109℃（a）。

❷ 溫度到達109℃時倒入A的盆中，以電動攪拌器⑱將整體攪拌混合。攪拌均勻後，加入確實瀝乾水分的吉利丁片，使其溶解並攪拌混合。

❸ 將電動攪拌器調至⑨，將整體打出細緻的泡沫，一直攪打至攪拌棒周圍充滿鬆厚的泡沫（b）。過程中加入半份檸檬皮碎屑攪拌混合。
＊沾黏在攪拌盆側邊的棉花糖可以用矽膠刮刀刮取拌入。

❹ 將❸倒入準備好的琺瑯盤中（c），將盤內整體填滿，並將表面抹平。撒上剩餘的檸檬皮碎屑，放入冰箱中冷藏1～2小時，待其凝固（d）。

❺ 在工作檯面上撒滿玉米澱粉，取出❹，將其裹滿玉米澱粉，再分切成喜歡的尺寸。

❻ 巴西莓棉花糖的作法和檸檬棉花糖相同，只要將檸檬汁換成巴西莓果汁，檸檬皮碎屑換成藍莓果乾就可以了。

Salty butter caramels

鹽味牛奶糖

在舌尖上化開的大人風味牛奶糖，
甜中帶苦，還有淡鹽提味。

材料 （21×16.5×3cm的琺瑯盤1個份）

細砂糖 … 200g

水飴 … 110g

鮮奶油 … 1/2 杯

無鹽奶油… 75g

鹽 … 1/2 小匙

前置準備

• 在琺瑯盤中鋪上料理紙。

• 將鮮奶油放入微波爐中加熱30秒左右。

memo

在焦糖中加入鮮奶油時，會冒泡噴濺，因此要準
備大一點的鍋子。材料在鍋中的高度大約在鍋子
的1/3高為佳。牛奶糖剛從冰箱中取出時較硬，
馬上分切的話會造成龜裂。只要將牛奶糖在常溫
中靜置一段時間，待其軟化，就可以用刀子整齊
地切開了。

作法

❶ 在鍋中放入細砂糖、水飴，以中火加熱。持續攪拌
至溶化，熬煮至顏色呈現深褐色即可離火，接著加
入溫熱的鮮奶油，停止上色的作業。

❷ 以小火加熱❶，將其攪拌混合，混合均勻後加入奶
油，奶油融化後再調成中火，一邊加熱一邊攪拌5
分鐘左右。
＊用湯匙撈起少量糖液，滴入裝滿冰水的盆中，用手指捏
捏看凝結的糖粒，以此確認完成時的軟硬度。

❸ 倒入準備好的琺瑯盤中將其鋪滿，整體撒上鹽，將
整個琺瑯盤放在冷卻架放涼，降溫後就可以放入冰
箱中冷藏1小時左右。

❹ 將牛奶糖從盤中取出，在常溫中靜置一下，再用刀
子切成一口的大小。

Peppermint sour caramels

薄荷沙瓦牛奶糖

柔軟的牛奶糖充滿清爽的可爾必思風味，
加上清涼的薄荷香氣，讓人感覺神清氣爽。

材料（21×16.5×3cm的琺瑯盤1個份）

細砂糖 … 150g

水飴 … 100g

鮮奶油 … 1/2杯

可爾必思（原液）… 100g

無鹽奶油 … 60g

薄荷茶 … 2g（茶包1包份）

前置準備

• 在琺瑯盤中鋪上料理紙。

memo

這款牛奶糖放入冰箱中也不會變得硬邦邦。使用
新鮮的薄荷葉製作也OK。若是用新鮮的薄荷，
可以在糖液倒入琺瑯盤之前加入切碎的薄荷稍微
攪拌混合。和鹽味牛奶糖的焦糖基底不同，這裡
主要靠的是冷卻的凝固力，所以多少會有點偏
軟。因此，若沒有確實地熬煮收乾水分，分切時
就有可能變成太軟而無法維持形狀的牛奶糖，要
多留意。

作法

❶ 在小鍋中放入全部的材料，以中火加熱。一邊加熱
一邊用矽膠刮刀攪拌，熬煮7～9分鐘。
＊用湯匙撈起少量糖液，滴入裝滿冰水的盆中，糖塊在水
中不會散開，可以用手指觸碰並捏成團，代表熬煮完成。

❷ 倒入準備好的琺瑯盤中將其鋪滿，將整個琺瑯盤放
在冷卻架放涼，降溫後就可以放入冰箱中冷藏1小
時左右。

❸ 從盤中取出，用刀子切成一口的大小。

Jelly

White wine jelly with fruit

白酒鮮果凍

透明果凍中漂浮著花與蝶，
是款可以如實呈現冰涼白酒風味的大人風甜點。

材料 （21×16.5×3cm的琺瑯盤1個份）

水 … 200g（1杯）
細砂糖 … 40g
吉利丁片 … 10g
白酒 … 300g
檸檬皮碎屑 … 1個份
奇異果（黃、綠）… 各1個
藍莓 … 6～7顆
薄荷葉 … 7～8片

前置準備

• 將吉利丁片浸泡在滿滿的冰水中20分鐘以
  上，將其泡軟。

memo

用喜歡的壓模將水果壓出造型再放入果凍中，彷彿在
製作一幅畫。水果中的酵素可能會影響凝固效果，
可以先用微波爐將水果加熱後備用，這樣一來，即使
用少量的吉利丁片也能讓果凍成功凝固。為了讓檸檬
皮碎屑和薄荷葉看起來像是飄散在空中，要等果凍液
變稠之後再倒入模具中。怕酒味的人，可以將白酒煮
沸，使酒精揮發也是個不錯的選擇。

作法

❶ 奇異果去皮切成7～8mm厚的圓片，再用喜歡
  的模具壓出造型。接著將其排列在耐熱器皿
  中，蓋上保鮮膜，以微波爐加熱50～60秒，再
  放進琺瑯盤中放涼。
  ＊此處使用的是花形與蝴蝶形壓模。

❷ 在小鍋中放入水及細砂糖，煮至沸騰，接著關
  火，加入確實瀝乾水分的吉利丁片，攪拌使其
  溶化。

❸ 在盆中放入❷及白酒、檸檬皮碎屑，盆底墊著
  冰水，用矽膠刮刀慢慢地攪拌至出現黏稠感
  （a）。

❹ 將❸倒入琺瑯盤中，加入❶及藍莓、薄荷葉，
  放進冰箱中冷藏3小時左右使其凝固。

a

Green tea bavarois with strawberry sause

抹茶巴巴洛瓦佐草莓淋醬

如同氣泡般輕盈的巴巴洛瓦，咻地一下就消失在舌尖。
帶酸味的草莓淋醬可以突顯出抹茶的微苦風味。

材料 （21×16.5×3cm的琺瑯盤1個份）

蛋黃 … 2個份

細砂糖 … 50g

抹茶粉 … 10g

牛奶 … 120g

吉利丁片 … 4g

鮮奶油 … 3/4杯

草莓淋醬

　草莓 … 150g（1/2盒）

　細砂糖 … 50g

　檸檬汁 … 2小匙

前置準備

• 將吉利丁片浸泡在滿滿的冰水中20分鐘
　以上，將其泡軟。

• 在小鍋中放入牛奶及細砂糖1小匙，以
　中火煮至溫熱。

• 以糖粉篩將抹茶粉篩入盆中，接著加入
　剩餘的細砂糖攪拌混合。

作法

❶ 在放了抹茶粉及細砂糖的盆中加入蛋黃，用矽膠刮刀
　攪拌混合。

❷ 接著在❶中加入溫牛奶，充分地攪拌，再倒回鍋內。

❸ 以中火加熱❷，過程中不斷地以矽膠刮刀攪拌，出現
　濃稠感後再關火。
　＊大約煮到手指劃過附著在矽膠刮刀上的蛋奶糊時會留下痕跡
　的程度。

❹ 加入確實瀝乾水分的吉利丁片，攪拌使其溶化。

❺ 以篩網將❹過濾，篩入盆中。接著在盆底墊冰水，以
　矽膠刮刀慢慢地攪拌至出現濃稠感。

❻ 在另一個盆中放入鮮奶油，以打蛋器將其攪打至7分發
　（→p.48），再加入❺中攪拌，均勻地混合。

❼ 倒入琺瑯盤中，蓋上保鮮膜，放進冰箱冷藏2小時以
　上，使其凝固。

❽ 製作草莓淋醬：草莓去蒂，切成5mm厚的圓片，放入
　鍋中，與細砂糖、檸檬汁一起以中火加熱。煮至細砂
　糖溶化並沸騰後，再倒入調理盤等容器中冷卻。

❾ 將冰涼且凝固的❼切成方便食用的大小，再淋上❽。

Tiramisu with cognac

干邑風味提拉米蘇

入口即化的柔滑奶油搭配滿滿的糖液。
是款充滿干邑及咖啡豐富香氣的義大利甜點。

材料 （21×16.5×3cm的琺瑯盤1個份）

咖啡糖液

　粗粒研磨咖啡粉（深焙）… 30g

　熱水 … 100g

　細砂糖 … 30g

　干邑白蘭地 … 50g

發泡鮮奶油

　鮮奶油 … 1/2杯

　細砂糖 … 1大匙

蛋黃 … 2個份

細砂糖 … 40g

馬斯卡彭乳酪 … 100g

手指餅乾 … 適量

可可粉（無糖）… 30g

前置準備

• 準備好隔水加熱用的熱水（60℃）。

作法

❶ 製作咖啡糖液：將咖啡粉及熱水放入盆中攪拌混合，蓋上保鮮膜靜置5分鐘萃取咖啡液，接著用咖啡濾紙等工具過濾。接著加入細砂糖及干邑白蘭地攪拌使其溶入咖啡中。

❷ 製作發泡鮮奶油：將細砂糖加入鮮奶油中，以打蛋器攪打至7分發（→p.48）。使用前先放進冰箱中冷藏備用。

❸ 將蛋黃及細砂糖放入盆中刮拌，混合均勻後進行隔水加熱，持續攪拌至出現濃稠感。

❹ 將❸從隔水加熱的盆中取出後，將其放涼，繼續攪打至整體泛白，撈起時會如緞帶般垂落的狀態。

❺ 加入馬斯卡彭乳酪攪拌混合，混合均勻之後分2次加入❷，每次加入都快速地攪拌混合。

❻ 在琺瑯盤中倒入1/3量的❺，接著鋪一層手指餅乾，再慢慢倒入❶，讓手指餅乾能充分吸收。

❼ 倒入其餘的❺，將其鋪平，蓋上保鮮膜後放入冰箱中冷藏1小時。享用之前，再用糖粉篩撒上滿滿的可可粉。

Strawberry jam & vanilla parfait

草莓
香草冰淇淋

只要攪拌再冷凍，
就能做出美味的冰淇淋！
果香十足的草莓醬像絲帶一樣，
在外觀上增添了一點趣味。

材料（21×16.5×3cm的琺瑯盤1個份）

蛋黃 … 2個份
細砂糖 … 50g
水 … 30g
鮮奶油 … 200g
草莓醬 … 50g
檸檬汁 … 2小匙

前置準備

- 將檸檬汁加入草莓醬中攪拌均勻。
- 準備好隔水加熱用的熱水（60℃）。

memo

可以試著以柑橘果醬或是其他季節果醬替換。除
了果醬以外，用「焦糖胡桃軟心布朗尼」（p.24）
中出現的焦糖醬，也很美味唷。

作法

❶ 以打蛋器將鮮奶油攪打至8分發（→ p.48）。使用
前先放進冰箱中冷藏備用。

❷ 在盆中放入蛋黃、細砂糖，以打蛋器攪拌至泛白，
再加水攪拌混合。

❸ 將❷隔水加熱，攪拌至出現濃稠感。

❹ 將❸從隔水加熱的盆中取出，分2次加入❶，每次
加入都充分地攪拌混合。

❺ 加入準備好的草莓醬，用矽膠刮刀粗略地攪拌3次
左右，再倒入琺瑯盤中，放進冷凍庫靜置5～6小
時，待其冷卻凝固。

Grapefruit & rosemary frozen yogurt

葡萄柚迷迭香
優格雪酪

冰雪般輕盈化口的優格雪酪，
搭配微苦的葡萄柚及香氣馥郁的迷迭香。

材料 （21×16.5×3cm的琺瑯盤1個份）

優格基底
　原味優格 … 200g
　細砂糖 … 50g
　蜂蜜 … 30g
鮮奶油 … 150g
葡萄柚 … 1個
迷迭香葉（新鮮）… 1支份

前置準備

• 將葡萄柚去皮，果肉剝成小瓣。迷迭香
　葉切碎。

memo

本食譜的重點在於甜甜的優格基底中加入發泡鮮
奶油混合。只要將材料攪拌再放入冷凍庫，凍到
湯匙插不進去的硬度就可以了。

作法

❶ 將優格基底的所有材料放入盆中，以打蛋器攪拌均
　勻。

❷ 將❶倒入琺瑯盤中，蓋上保鮮膜，放入冰箱中冷凍
　30～40分鐘後，暫時取出，用叉子將整體刮鬆，
　再放入冰箱冷凍1小時待其凝固。

❸ 以打蛋器將鮮奶油攪打至6分發（→p.48）。

❹ 將❷、❸混合放入食物調理機（或是果汁機）中攪
　拌，再倒回盤中，加入準備好的葡萄柚及迷迭香攪
　拌混合，將其鋪平，放入冰箱冷凍3～4小時待其
　凝固。

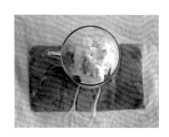

Butter Cake

基礎奶油蛋糕體

材料不含泡打粉，質地鬆軟濕潤。

材料

（21×16.5×3cm的琺瑯盤1個份）

◇奶油蛋糕體

無鹽奶油 … 150g

細砂糖 … 140g

蛋黃 … 3個份

杏仁粉 … 30g

蛋白 … 3個份

鹽 … 1撮

低筋麵粉 … 130g

前置準備

• 將奶油退冰至室溫，使其軟化。

• 在琺瑯盤中鋪上料理紙。

• 低筋麵粉過篩。

memo

製作訣竅在於材料須充分拌勻，特別是加入蛋白霜之後。不用擔心自己是不是過度攪拌，若沒有充分攪拌就開始烘烤的話，烤出來的蛋糕可能會有扁塌、上色不均勻、嚴重破損等問題。另外，也可能造成蛋糕放置後口感乾燥粗糙，所以務必要將材料攪拌均勻。

1 將奶油、1/2分量的細砂糖放入盆中，以電動攪拌器（中）攪打至泛白。

2 加入蛋黃、杏仁粉，以電動攪拌器（高）攪打至蓬鬆發泡。

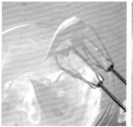

3 在另一個盆中放入蛋白及鹽，分3次加入剩餘的細砂糖，並以電動攪拌器（高）攪打至發泡。提起攪拌器時，末端呈現立起的柔軟尖角後，再調整為（低），攪打出細緻均勻的泡沫，且末端呈現挺立的尖角狀即可。

4 將篩過的低筋麵粉加入2中，用矽膠刮刀以翻拌的方式由底部往上翻攪，攪拌至沒有粉粒感為止。攪拌時，另一手可以以逆時針方向轉動攪拌盆。

5 分2次加入3，每次加入後都充分地攪拌混合。

6 倒入準備好的琺瑯盤中，用抹刀將四個角落都填滿鋪平，從檯面15cm高處輕摔琺瑯盤，排除多餘的空氣。

基礎海綿蛋糕體

利用琺瑯盤的平面特性，在短時間快速烘烤完成。

材料

（21×16.5×3cm的琺瑯盤1個份）

蛋 … 1個
蛋黃 … 1個份
細砂糖 … 45g
低筋麵粉 … 30g
牛奶 … 1大匙

前置準備

- 在琺瑯盤中鋪上料理紙。
- 低筋麵粉過篩。
- 準備好隔水加熱用的熱水（60℃）。
- 烤箱預熱至200℃。

memo

隔水加熱進行攪打發泡後，將電動攪拌器轉速由高降至低，讓泡沫質地變得細緻是這裡的操作重點。加入溫牛奶後，請確實地攪拌至出現光澤。

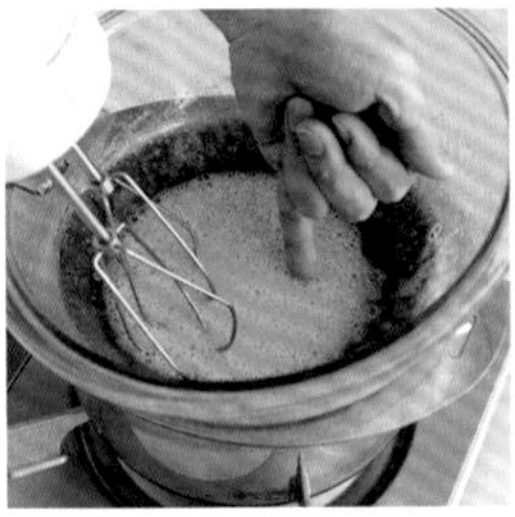

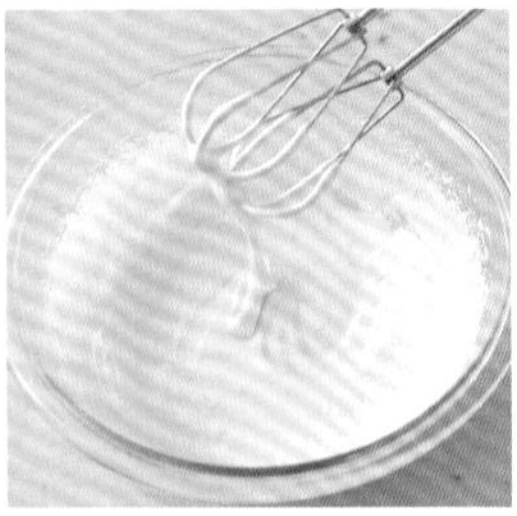

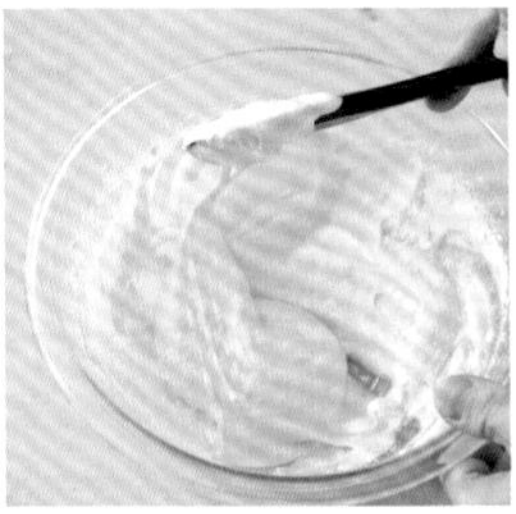

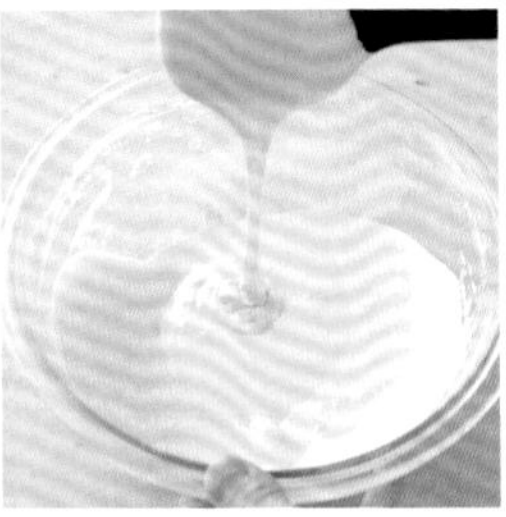

1 製作海綿蛋糕體：在盆中加入蛋、蛋黃、細砂糖，一邊隔水加熱，一邊用電動攪拌器(低)將其攪拌融合，加熱到人體肌膚的溫度。

＊大約是手指放入時不會感覺涼的程度。

2 從隔水加熱的盆中取出，用電動攪拌器(高)攪打發泡。攪拌至整體膨脹變白，拿起攪拌器時會如緞帶般垂落的狀態。接著用電動攪拌器(低)攪拌1分鐘，讓質地更細緻。

＊泡沫變細緻、開始出現光澤就可以了。

3 將篩過的低筋麵粉撒在整體表面，以矽膠刮刀由下往上翻拌混合，直到沒有粉粒感為止。攪拌時，另一手可以以逆時針方向轉動攪拌盆。

4 以微波爐將牛奶加熱20～30秒後加入，用同樣的方式攪拌混合。當麵糊中看不出牛奶的痕跡時，繼續攪拌20次。

＊充分攪拌至出現光澤。

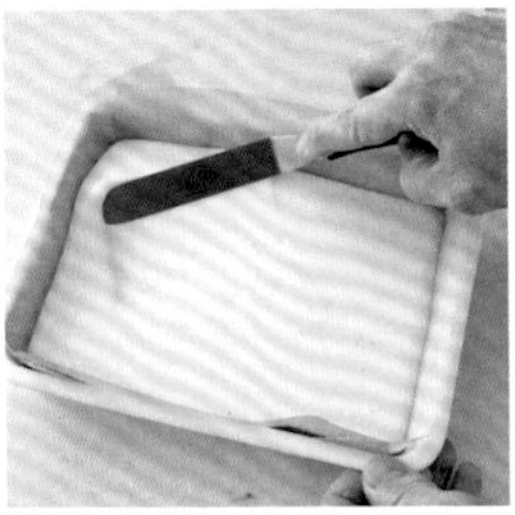

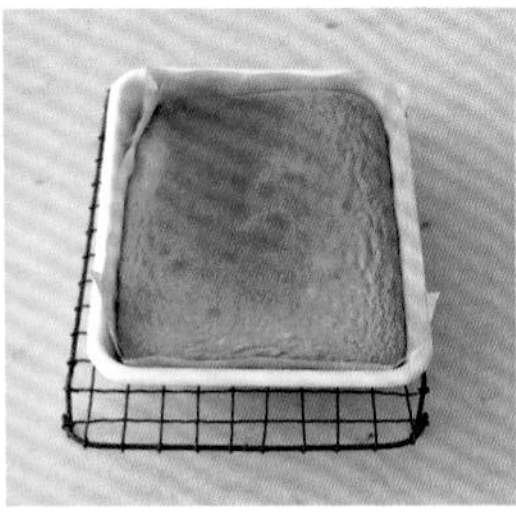

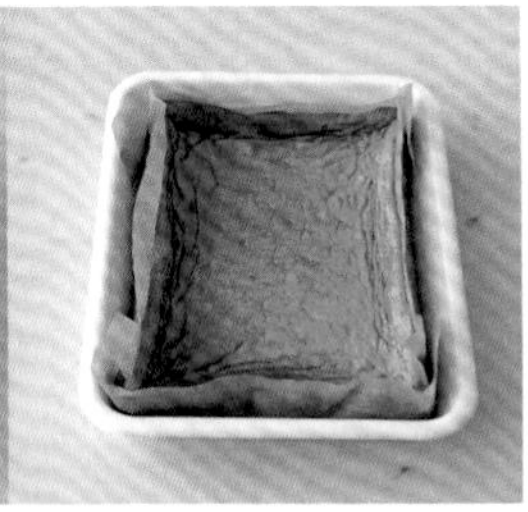

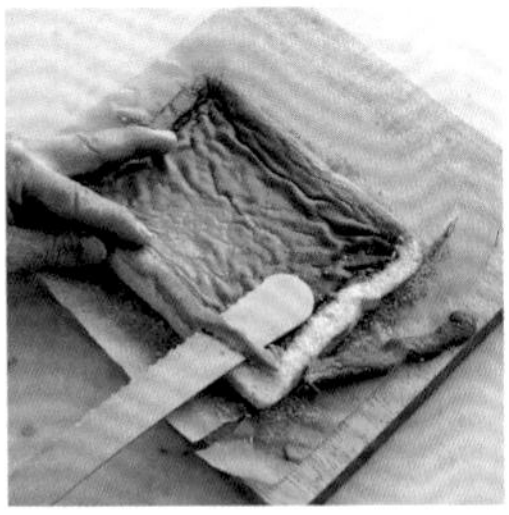

5 倒入準備好的琺瑯盤中，用抹刀將四個角落都仔細地填滿鋪平，從檯面15cm高處輕摔琺瑯盤，排除多餘的空氣。

6 放入200℃的烤箱中烘烤10～13分鐘。烤好的蛋糕觸感是有彈性的，表面會帶有一點皺褶。烤好之後放到冷卻架上放涼。

＊冷卻後會像照片中這樣，稍微下凹。

7 蛋糕放涼後從琺瑯盤中取出，將四邊凸起的部分切除。

基礎塔皮

萬用的塔皮。

材料 (完成的量約240～250g)

塔皮

低筋麵粉 … 120g

無鹽奶油 … 60g

A ┤ 蛋黃 … 1個份

　　 冷水 … 45g

　　 鹽 … 1撮

　　 細砂糖 … 1撮

手粉(低筋麵粉)… 適量

前置準備

- 將奶油切成1cm丁狀,放入冰箱中冷藏備用。
- 低筋麵粉過篩,放入冰箱中冷藏。

1 在盆中放入冰的低筋麵粉及奶油,用指尖將奶油壓碎與麵粉混合。

2 當奶油粉粒開始變小時,就用手心搓揉混合,變成鬆散的碎粒狀。

＊操作過程要迅速,避免奶油因手掌溫度融化。

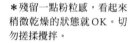

3 加入A,用矽膠刮刀以切拌的方式攪拌,讓麵粉吸收水分。

＊殘留一點粉粒感,看起來稍微乾燥的狀態就OK。切勿搓揉攪拌。

4 將麵團聚集成2cm厚的四方形,用保鮮膜緊貼包裹,避免包入空氣。接著放入冰箱中冷藏靜置2小時左右。

基本流程 ｜ 塔皮與派皮共通的作業流程

鋪進琺瑯盤中

❶ 將確實冰鎮的麵團放在撒上手粉的檯面上,麵團表面也撒上手粉,用擀麵棍從上方以頓點下壓的方式將麵團壓成約1cm厚。接著將擀麵棍放在麵團中央,上下滾動將麵團擀開。每次擀開就將麵團轉向90度繼續擀,將麵團擀成均勻的厚度。

❷ 在檯面、麵團的兩面、擀麵棍都抹上適量的手粉,將麵團擀成3mm厚,尺寸比琺瑯盤大一圈(約22×25cm)。麵團縱橫與琺瑯盤平行,四邊都擀成相同厚度。

❸ 輕輕地放入準備好的琺瑯盤中,讓四周的麵團往盤內側靠,使麵團能剛好貼緊盤底。用大拇指指腹輕壓側邊,讓麵團與琺瑯盤之間緊貼至沒有空隙。側面與底部相接的折角處和四個角落也要壓緊,使其緊貼琺瑯盤。

❹ 用叉子在底部截出氣孔。輕輕戳的話孔洞會太小,導致塔皮在烘烤時膨脹,因此氣孔要開大一點。聚集了麵團的四個角落及折角處特別容易膨脹,別忘了截洞唷。

盲烤

❶ 在麵團上鋪上與琺瑯盤等高的料理紙,再放入分量高至琺瑯盤邊緣的重石(派石或豆子等)。

❷ 放入預熱好的烤箱中(塔皮為180℃,派皮為190℃)烘烤20分鐘。接著取出重石及料理紙,繼續烘烤10分鐘。從烤箱中取出,連同琺瑯盤一起放到冷卻架上放涼。

基礎派皮

短時間就能完成且不易失敗的速成派皮。

材料 （完成的量約240～250g）

派皮

低筋麵粉 … 60g

高筋麵粉 … 60g

鹽 … 1/2小匙

細砂糖 … 1撮

無鹽奶油 … 60g

A 冷水 … 45g
牛奶 … 2大匙

手粉（高筋麵粉）… 適量

前置準備

- 低筋麵粉及高筋麵粉混合過篩，接著加入鹽及細砂糖攪拌混合，放入冰箱中冷藏30分鐘。

- 將奶油切成2～3cm丁狀，放入冰箱中冷藏備用。

memo

一般的千層派皮連同作業完成到靜置的時間，至少要1小時以上。這裡只需要15分鐘。不過，若要享受派皮獨有的鬆脆層次感，請在2天內使用完畢。擀麵團時，請在表面撒上足夠的手粉，避免檯面及擀麵棍沾上奶油。

1 製作派皮：將冰的粉類及奶油放入盆中，以指尖將奶油捏碎成黃豆粒大小，與粉類融合在一起。

2 加入 **A**，以矽膠刮刀粗略地攪拌混合。

3 將麵團聚集成2cm厚的四方形，用保鮮膜緊貼包裹，避免包入空氣。接著放入冰箱中冷藏靜置15分鐘。

＊其中殘留一些奶油顆粒也沒關係。

4 在撒上手粉的檯面上放上 **3**，麵團表面也灑上手粉，用擀麵棍以頓點下壓的方式將麵團壓平。接著將擀麵棍放在麵團中央，上下滾動將麵團擀成寬20×長30cm左右。

5 將長條形的麵團上下兩端往中心線方向各折1/4。

6 接著以中心線為折線，以上下兩端相合的方式對折。這樣總共有4層。

7 將麵團轉90度，使其呈縱長方向，再重複4～6的步驟，製作第2次的4層，並且輕壓讓麵團貼合，接著用保鮮膜包裹，放入冰箱中冷藏靜置15分鐘。

8 以 **4** 的方法將 **7** 的麵團擀開，接著分成3等分向內折，折成3層。再用 **7** 的方式，將麵團轉向，分3等分折成3層，放入冰箱中冷藏靜置15分鐘。

＊完成的麵團會變得很滑順。

ムラヨシマサユキ Murayoshi Masayuki

料理研究家。從糕點學校畢業後，曾經任職於甜點店、咖啡廳、餐廳，並於2009年成立了麵包及點心教室。以「在家手作才更好吃」為概念，致力於發掘日常生活中的「美味」，提案都是可以反覆製作的簡單食譜。貼心設計的課程內容受到了不少好評，在雜誌及電視上也都有活躍的表現。對於便利商店或連鎖店的麵包及點心也頗有一番心得，以「祕密的自由研究」為名，四處品嚐美食長達10餘年。日文著作有《ムラヨシ フルーツパーラー》（NHK出版）、《テーブルブレッド》（グラフィック社出版）等，中文譯作則有《用量杯和量匙就可以輕鬆做的美味麵包38款》（台灣東販出版）、《日日做甜點》（楓葉社文化出版）。

在家複製專業美味！

頂流甜點師的極簡輕時尚甜點37道

2022年9月1日初版第一刷發行

作　　　者	ムラヨシマサユキ	
譯　　　者	徐瑜芳	
主　　　編	陳正芳	
特約編輯	陳祐嘉	
美術編輯	黃郁琇	
發　行　人	南部裕	
發　行　所	台灣東販股份有限公司	
	＜地址＞台北市南京東路4段130號2F-1	
	＜電話＞(02)2577-8878	
	＜傳真＞(02)2577-8896	
	＜網址＞http://www.tohan.com.tw	
郵撥帳號	1405049-4	
法律顧問	蕭雄淋律師	
總經銷	聯合發行股份有限公司	
	＜電話＞(02)2917-8022	

日文版工作人員

攝影	木村拓（東京料理寫真）
總監	大藪胤美（Phrase）
設計	高橋朱里（marusankaku）
料理助理	今井亮
編輯、執行、造型	関澤真紀子
動態攝影、編輯	さくらいしょうこ

國家圖書館出版品預行編目資料

在家複製專業美味！頂流甜點師的極簡輕時尚甜點37道 / ムラヨシマサユキ著；徐瑜芳譯. -- 初版. -- 臺北市：臺灣東販股份有限公司, 2022.09
80面；18.2×25.7公分
ISBN 978-626-329-411-0(平裝)

1.CST: 點心食譜

427.16　　　　　　　　　111011867

HORO BATTO DE TSUKURU MURAYOSHI MASAYUKI NO TOBIKIRI SWEETS SHINSOBAN
© MASAYUKI MURAYOSHI 2022
Originally published in Japan in 2022 by KAWADE SHOBO SHINSHA Ltd. Publishers, TOKYO.
Traditional Chinese translation rights arranged with KAWADE SHOBO SHINSHA Ltd. Publishers, TOKYO, through TOHAN CORPORATION, TOKYO.

TOHAN